名师名校名校长

凝聚名师共识
圆亮名师关怀
打造名师品牌
培育名师群体

　　　　赵明远题

余军奇　余彦杰　著
姚金海　顾问

高·宽·深·活
思维通用技术

陕西师范大学 出版总社　西安

图书代号　JY24N2530

图书在版编目（CIP）数据

"高·宽·深·活"：思维通用技术 / 余军奇，余彦杰著. -- 西安：陕西师范大学出版总社有限公司，2024. 12. -- ISBN 978-7-5695-5229-4

Ⅰ. B804-49

中国国家版本馆CIP数据核字第2024XB8861号

"高·宽·深·活"：思维通用技术
"GAO·KUAN·SHEN·HUO"：SIWEI TONGYONG JISHU

余军奇　余彦杰　著

出 版 人	刘东风
出版统筹	杨　沁
特约编辑	刘海燕
责任编辑	宫梦迪　李少莹
责任校对	赵　倩
封面设计	言之凿
出版发行	陕西师范大学出版总社
	（西安市长安南路199号　　邮编 710062）
网　　址	http://www.snupg.com
印　　刷	北京政采印刷服务有限公司
开　　本	710 mm×1000 mm　　1/16
印　　张	18.5
字　　数	284千
版　　次	2024年12月第1版
印　　次	2024年12月第1次印刷
书　　号	ISBN 978-7-5695-5229-4
定　　价	58.00元

读者使用时若发现印装质量问题，请与本社联系、调换。
电话：（029）85308697

序 言

　　人的思维（thinking）和智慧（wisdom）是什么？人为什么需要思维和智慧？人怎样才能思维、有智慧？要回答清楚这些问题，必须全面分析思维、智慧及它们之间的关系。

　　思维是什么？

　　思维是人脑对客观事物的反映，是人脑神经组织系统进化形成的思考问题的一种能力及表现形式，是产生智慧的源泉。柏拉图说："思维是灵魂的自我谈话。"

　　智慧是什么？

　　智慧是人所具有的一种高级创造思维能力，包括人对世界万物的感知、记忆、理解、分析、判断和升华等所有能力，是思维的结果或产物。赫拉克利特说："智慧只在于一件事，就是认识那善于驾驭一切的思想。"

　　人是能思维的动物，更是有智慧的高级动物。浩瀚宇宙、人类社会、人之身心、万事万物，都是人脑思维的领域和对象。人的伟大和神奇，正是因为人是能思维的主体。思维形成智慧，创造丰富多彩的世界，也塑造了人类自身。思维和智慧相互成就，推动人类前行。

　　从远古的神话故事，到神学、哲学思想各种知识的一体，演变发展到学科的分门别类，人类创造了博大精深的科学技术体系。毫无疑问，系统化的科学技术及学科理论知识是人类长期实践的经验总结，是人类思维的结晶和成果，是人类智慧的凝聚。人类的进步和发展，一方面，传承人类文明成果，推动科学技术发展，不断改善人类自身的生活质量；另一方面，促进人类自身进化，推动大脑思维发展，提升人脑智慧水平，使人不断远离动物本性，提升人性。

不同的学科有不同的研究领域和对象，形成不同的思维成果及智慧结晶。直接研究思维的学科主要是逻辑学和思维科学。逻辑学（logic science）归属于哲学类，是一门研究思维形式及思维规律的学科，是连接哲学、数学、计算机科学等多个领域的桥梁，也是提升人脑智慧的基础学科。思维科学（noetic science）是研究思维活动规律和形式的科学，涉及思维的自然属性和社会属性，思维的物质基础、语言及其对思维的作用，思维的历史发展及动物"思维"与机器"思维"（人工智能）等，是人脑智慧发展的重要科学。

其他学科或多或少与研究人的思维及人脑智慧有一定关系。如生物科学的遗传学、细胞学、生理学、生态学和组织学等。所有学科的产生、发展对研究人的思维本质和规律、人的思维机理和作用、人的思维开发和提升、人脑智慧发展等都有一定帮助。科学技术的发展有利于我们全面深入地认识思维，更有利于人脑智慧的提升和发展。思维决定智慧，智慧反作用于思维。

人为什么能思维？人为什么有智慧？

人脑能思维，是人的大脑机能，是人进化发展的结果，是人之所以为人的重要规定性（属性特征）。勒内·笛卡尔说："意志、悟性、想象力以及感觉上的一切作用，全由思维而来。"人要思维和有智慧，既是人生存发展的需要，是人成长发展的重要标志，也是人的自然性和社会性有机统一体形成的关键。正是人的思维（能力）发展，推动了人脑智慧不断发展。贝·泰勒说："靠智慧能赢得财产，但没有人能用财产换来智慧。"

人发育成长为一个身心健康的正常人，既要求身体各器官发育健康，也要求精神或心理发育健康。健康的正常人，是生理性和心理精神性的有机统一，是人有基本智慧的表现。人的思维正常，既表现为大脑机能的运行正常，也表现为人的精神性的反应正常。人的智慧状况或水平，既说明大脑思维控制，也说明人心理精神性的折射。

养育人的过程，给予人新陈代谢的生理需要帮助是基础，给予人精神心理需要帮助才是关键。一个人的生理发育应当健康，同时，心理精神发育也应当健康。积极、乐观、向上的正向价值观培养是基础保障。毋庸置疑，开发智慧的大脑是一个人具有竞争实力的核心。坚持从小开发和训练一个人的大脑思维，是智慧大脑形成的重要保证。

人能思维和要思维是人生存发展的现实需要，是人自身成长发展的必然产物。一个能正常生活和工作的人，具有了人的基本生存智慧。一个人从社会关系角度思考自身的成长和发展，是正常思维及智慧的表现。一个人不断学习钻研科学技术理论知识，在实践中不断探索总结，有助于大脑智慧水平的提高。

人能思维，有一定智慧，是人区别于其他动物的重要标志，是推动人类文明进步发展的重要力量。人与人之间存在各种区别，其中最重要的区别是认知，认知是思维的产物，是大脑智慧的重要表现形式。人的胸怀、视野和格局，对认知产生巨大影响。人要思维、有智慧，是人创新创造生命力的集中体现，是推动人类进步发展的重要力量源泉。

人怎样思维？人怎样有智慧？

人脑的思维机理和技术包括人脑智慧的理论技术，直至今日，也没有完全为人类所了解和掌握。人脑思维及智慧的理论技术，是科学技术最前沿的未知研究领域之一。21世纪以来，人脑科学技术发展突飞猛进，取得了许多研究成果。例如，人工智能科学技术的发展，是人脑神经科学、计算机科学和机器人技术等多学科发展的产物。伊曼努尔·康德说："有两样东西，愈是经常和持久地思考它们，对它们历久弥新和不断增长之魅力以及崇敬之情就愈加充实着我的心灵：我头顶的星空和我心中的道德准则。"毫无疑问，人类创新创造思维的发展，是推动人脑智慧发展的最重要途径。艾萨克·牛顿说："一个人的智慧源自对自身的研究、利用他人的贡献，以及独立思考。"

研究人怎样思维的理论技术、方式方法和工具手段等，是推动人脑智慧发展的重要条件。毋庸置疑，人脑创新创造的思维理论技术是最根本的核心理论技术，研究思维怎样达成创新创造目标是思维及智慧科学的根本目的。不同学科，可从不同角度研究人脑创新创造的思维理论技术。从逻辑思维的基础理论角度看，研究人脑思维的通用技术或许是一个不错的选择。

开发和掌握人脑思维及智慧技术是人脑怎样思维及智慧的关键。人脑思维通用技术，应当是人脑思维及智慧技术的基础，对其他科学技术研究人脑思维及智慧起到引导性和导向性作用。"高、宽、深、活"的思维通用技术，既是人脑思维的四个维度（角度），也是达成人脑智慧目标的四种技术。

研究思维及智慧是什么，为研究为什么需要思维及智慧提供条件。研究怎样思维及有智慧是开发和提升人脑思维及智慧的目标。学习和掌握思维通用技术有利于我们学习其他科学技术，有利于我们提升思维质量和智慧水平，更有利于提高我们的工作效率，改善我们的生活质量，成就我们快乐幸福的人生。

是为序！

姚金海

目 录

导 论：清晰的思维从哪里来？

一、世界的维度与思维维度

（一）多维的世界

我们居住在一个多维的宇宙（世界）中，从零维的点，到一维的线、二维的面，再到我们熟知的三维立体空间，每个维度都像是宇宙的一面镜子，反映出其不同的面貌，引导我们逐步全面深入探索宇宙或世界的真相及本质。

想象一下，零维是一个简单的点，它没有长度，仅是一个概念性的存在。一维则像一条永无止境的线，它只有长度，向两端无限延伸。进入二维，我们有了面积的概念，长度与宽度的交织形成了一个平面，各种形状和图案在这里得以展现。然后，我们来到了三维世界。这是我们最为熟悉的空间，长度、宽度和高度的融合创造了立体的世界，万物都变得栩栩如生，触手可及。

但我们对宇宙的探索并未止步于此。现代宇宙学家提出了四维时空的观念，将时间作为第四个维度引入。这一理论不仅深化了我们对宇宙的认知，更打破了时间与空间的界限，使它们融为一体。

还有理论预测宇宙可能存在四个空间维度，即四维空间。这是一个超乎我们想象的"超体"，其中可能隐藏着无数我们未曾设想过的新奇现象和结构。

此外，五维的概念也被提出，它是基于四维运动的超时空推测。尽管这一领域仍然充满神秘和未知，但为我们揭示了宇宙可能存在的更高维度和更为复杂的结构。

随着现代科学技术的不断进步，人类有望更深入地探索这些维度，更全面地认识奇妙的宇宙。这一切，都源于我们对多维世界的持续思考和不懈探索。

总的来说，多维宇宙的观念或理念正在重塑我们的世界观和思维方式。每一次维度的拓展，都是对宇宙深层秘密的一次揭示，都为我们打开了一扇通往更广阔世界的大门。而在这个过程中，我们的思维也获得了前所未有的拓展和提升。

（二）思维的维度

结构、功能和过程分别代表着同一系统的三个不同方面，再加上其外围的环境，就构成了一个互补集。因此，结构、功能和过程以及所处环境四个维度共同定义了事物（世界）整体。结构定义了系统的组件及组件之间的关系，功能定义了系统的产出或者结果，过程定义了各项活动的秩序以及需要怎样做才能产生结果，环境定义了系统所处的独特条件。

除此之外，我们的思考还可以增加更多的维度，比如时空维度、形与质的维度、内容与方式的维度、情感价值维度，等等。在日常生活中，多维度思考是我们洞察和塑造世界的锐利工具，它不仅赋予了我们深刻理解复杂问题的能力，还激发了我们无尽的创造力。

空间维度拓宽了思维的视野。从精准的点状聚焦，到线性逻辑的因果串联，再到全面覆盖的面状思维，直至错综复杂的网状关联和立体多维的全方位观察，我们持续扩展思维的边界，探索更多的未知领域。

时间维度则提升了思维的洞察力。静态思维使我们清晰把握当前的态势，而动态思维则引领我们穿越历史的长河，历史地看问题，发展地看问题，从而预见未来的走向。动态思维更是激发我们主动拥抱变化，成为变革的推动者，而非被动的跟随者。这种思维方式使我们能够深刻理解事物的发展脉络，预测其未来轨迹，从而作出更具前瞻性的决策。

内容维度聚焦于思维的实质性内核。抽象思维使我们把握普遍规律，理论思维通过理论或模型揭示现象的本质，具体思维基于实际经验和具体情境，帮助我们解决实际问题。这几种思维方式相辅相成，使我们的思考更加深入和全面。

方式维度展现了思维的逻辑性、创新性和批判性。逻辑思维用理性分析来处理信息和问题，需要遵循一定的规则和原则；弹性思维则是用直觉和想象来处理信息和问题，不受固定的规则和原则束缚。逻辑思维适用于那些清晰、确定、稳定、线性、可预测的情境；而弹性思维则适用于那些模糊、不确定、变化、非线性、不可预测的情境。逻辑思维确保我们的推理严密无误，弹性思维推动我们的思维灵活变通。另外，还有创新思维激发我们打破陈规，寻求新的解决方案，批判性思维让我们对信息进行深入剖析，评估其真实性和价值。

价值维度则为思维活动赋予了道德和情感的色彩。道德思维使我们基于道德原则和价值观进行决策，确保行为符合社会规范。情感思维则让我们更加敏锐地理解和处理情感，建立和谐的人际关系。

在众多思维维度中，系统思维和关系思维尤为关键。系统思维强调将问题视为一个整体，关注系统内部的组织和机制以及外部环境的影响，引导我们全面、系统地看待问题。关系思维则关注事物之间的相互联系，使我们能够深入洞察问题的本质和根源。

此外，"情意维"作为一种超越时空和常规的思维模式，涉及直觉、灵感和顿悟等神秘元素，它使我们在瞬间洞察问题本质或找到创新的灵感。尽管这种思维方式难以捉摸，但它往往是实现突破性进展的关键。

综上所述，思维的多元化与多维度为我们提供了理解和创造世界的丰富路径。通过灵活运用这些维度，我们能够以更加全面、深入的视角审视问题，激发更多的创新创造潜能。在这个充满机遇和挑战的时代，让我们不断扩展思维的边界，探索未知的可能性，共同推动人类社会向前发展。

（三）思维的功能

心灵，这个深藏在我们体内的神秘之地，拥有三大基本功能，它们像三把钥匙，共同打开了我们的内心世界。这三把钥匙分别是思维、情感和欲求。

思维就像是我们大脑里的一台超级计算机，它不断接收外界的信息，然后进行分析、推理，帮助我们理解这个世界。比如，你看到一只猫，思维会告诉你这是一只猫，它可能喜欢吃什么、怎么叫，等等。思维给了我们看待世界的眼光，让我们明白事物之间的联系和意义。

然而，光有思维还不够。情感就像我们内心的调色板，给思维产生的意义涂上颜色。当你看到那只猫时，情感可能会告诉你它看起来多么可爱，让你忍不住想摸摸它。情感让我们的内心世界更加丰富多彩，也让我们对世界的感知更加深入。

但是，情感和思维都只是停留在想法和感受上，真正让我们行动起来的，是欲求。欲求就像是我们内心的引擎，它驱动我们去追求自己的目标和愿望。比如，你看到那只可爱的猫，欲求可能会让你决定去养一只属于自己的猫。欲求给了我们动力，驱使我们迈出实现目标的第一步。

简单来说，思维、情感和欲求就像是我们内心的三个小伙伴。思维负责理解世界，情感负责感受世界，欲求则负责让我们行动起来。它们相互合作，共同塑造了我们丰富多彩的内心世界。要想更好地了解自己、实现自己的目标，就需要学会倾听和平衡这三个小伙伴的声音。

这里重点谈谈思维的功能。思维，作为人类心智的核心功能之一，不仅是我们认识世界的窗口，更是我们改造世界的工具。它如同一把钥匙，打开了我们内心深处的宝藏，让我们能够探索未知、理解复杂、创造未来。

思维具有强大的分析和推理能力。通过思维，我们能够理解事物的本质、把握事物之间的联系，形成对世界的深刻洞察。这种能力让我们能够更好地适应环境、解决问题，成为生活的主人。

思维具有创新和创造的功能。它鼓励我们打破传统的束缚，跳出固有的框架，以全新的视角去看待世界。这种能力是我们区别于其他生物的重要标志，也是我们作为人类的骄傲。

思维还具有决策和行动的功能。它引导我们根据自身的需求和目标，制订合理的计划、采取有效的行动。通过思维，我们能够明确自己的方向、坚定自己的信念，不断追求更高的成就和更好的自我。这种能力让我们能够在复杂多变的环境中保持清醒的头脑、作出明智的选择。

在教育领域，人的思维的培养尤为重要。一个人读书的目的不是学会一堆知识，而是培养一种思维方式。知识只是思维的工具，而思维才是真正的力量。对于一个学生来说，学会一种思维意味着学会如何思考问题和如何解决问题。这种思维不仅仅是逻辑推理，还包括创新思考、批判性思考、问题解决、决策制订等。这种思维不仅能够帮助我们在学习过程中取得更好的成绩，更能够帮助我们在未来的生活和工作中取得成功。

（四）理性认识与思维方法

在日常生活中，我们不断地试图理解周围的世界。这个过程从简单的感性认识到更深入的理性认识，是我们认知发展的必经之路。那么，什么是理性认识？简单来说，理性认识就是我们通过逻辑思维，探索和认识事物的本质和规律。

当我们观察到一个事物，我们首先获得的是感性认识。比如，看到一个苹果，我们会感知到它的颜色、形状、大小等。但是，如果我们想要更深入地了解这个苹果，比如，它为什么会长成这个样子？它的生长规律是什么？那么我们就需要进入理性认识的阶段。

理性认识的主要表现是形成概念，并运用这些概念进行判断和推理。比如，我们可以通过观察多个苹果，形成"苹果"这个概念，并进一步判断这个苹果是否成熟，推理出它的生长过程等。

在这个过程中，我们运用了一种重要的工具，那就是思维方法。思维方法是我们思考问题和解决问题的方式和手段。比如，我们可以通过归纳和演绎的方法，从观察到的具体事例中提炼出一般规律，再用这个规律去解释和预测新的事例。

人类的认识过程是一个不断循环和深化的过程。我们从实践中获得感性认识，然后通过理性认识和思维方法的运用，提炼出事物的本质和规律，最后将这些认识应用到新的实践中去。这个过程呈螺旋式上升，让我们的认识越来越深入，越来越全面。

总的来说，理性认识和思维方法是我们探索和理解世界的重要工具。通过运用它们，我们可以揭示出事物的本质和规律，从而更好地认识世界，改造世界。

（五）思维的目标与方向

在复杂多变的世界里，思维是我们的一把钥匙，帮助我们探索、理解和改变环境。我们思考的目的，不管是探究神秘世界，解决现实问题，还是追求真理和创新，核心都是为了寻找生活的意义。这个意义可以归结为三个核心目标：真诚、真相和致用。

首先，求真诚，就是要满足自己内心的情感和需求。它让我们真实地面对自己，不被外界所干扰。真诚的思考让我们更了解自己的价值观、信仰和追求，找到真正让自己满足的生活方式。

其次，求真相，意味着我们要认识和理解这个世界。真相是客观存在的，我们需要通过观察和思考来揭示它。追求真相不仅让我们获得知识，还让我们学会独立思考和判断，保持清醒的头脑。

最后，求致用，是希望我们的思考能够解决实际问题，预测未来的趋势。通过思考，我们能够提前规划自己的生活和工作，找到解决问题的有效方法，从而提高生活的质量和效率。

人的思维过程其实是一个不断循环和深化的过程。我们的思维具有指向性和集中性，我们的想法和观念决定了我们如何看世界。我们的目标决定了我们思考的方向和提问的方式，而提问的方式又决定了我们如何收集信息，收集到的信息又影响我们如何解释和概念化它，而这些解释和概念化又决定了我们看待问题的观点和方式。因此，我们需要不断地调整和优化自己的思维方式。

在这个过程中，保持开放的心态和专注的精神非常重要。我们要愿意接受新的知识和观念，同时也要有毅力深入挖掘问题的本质。只有这样，我们才能不断提高自己的思维能力，成为更独立、自主和富有创造力的人。

二、思维模式历程与创新

人与动物的显著差别是什么？是人具有深入思考的能力。为什么人类能深入思考，而动物不能？人的思考能力从哪里来？这要追溯人类几百万年的进化史。

人类的远亲是类似老鼠一样的中古兽，经过600多万年的进化，大自然创造出了人类的远祖——猿猴。大约320万年前，第一种类似人类的南方古猿出现了，它们的大脑只比黑猩猩的大一丁点，具有处理感觉的区域，但不能抽象思维，也不会讲话。大约200万年前，手巧的"能人"出现了，他们大脑的容量有了很大提升，学会了拿石头切割食物。至180万年前，直立人在非洲出现了，他们的身材更高大，脑容量也更大，拥有了想象力和计划能力，能够制造更复杂的工具，学会了用火。大约50万年前，直立人进化出了新的物种——智人，他们有着更强大的大脑。4万年前，现代智人出现，他们拥有了惊人的思考能力——人类终于进化成为直立的思想家。

说到这里，你可能会问："这有什么了不起呢？黑猩猩不也有思考能力吗？"

是的，黑猩猩等灵长类动物也有思考天赋。但黑猩猩不会提出问题，更不会针对问题持续而深入地思考。人类是唯一一种能够利用过去的知识去创新的动物。人类交流、学习、改进旧观念、交换灵感和洞察力，黑猩猩和其他动物却不能这么做。

那么，是哪些因素推动人类能够持续而深入地思考呢？是好奇心和求知欲。人类之所以高贵，是因为我们对物理世界天生拥有某种感觉，天生就有爱问为什么的倾向，并且具有探寻答案的动力，具有不断从失败中总结经验教训的本领。人类的独特之处，体现在我们被赋予了理解自身以及世界的能力，还有求知、推理以及创造的渴望。正是这种伟大的天赋将我们同其他的动物区分开来。

（一）人类的思维方式是如何发展的

大约两百万年前，人类开始了经验思维；四五千年前，创造了宗教思维；两千多年前，创新了哲学和数学思维；五百多年前，发明了科学思维。近几十年来，再次超越常识，求诸想象，寻找新的思维方式。可以说，人类的思维方式一直在不断发展，思维能力一直在高速提升，思维成果一直在高速增长。

纵观几千年来的科学技术发展，每次重要的思想突破都源于思维方式的重大创新。从历史演变抽象总结，概括出以下八种主要思维方式：

第一种：依赖观察与直觉的经验思维

最早的思维方式大概是凭借直觉，依靠观察和经验来理解世界。从新石器时代，人类开始在小村落中定居，到公元前4000年左右，第一批城市（集中居住地）出现，生产生活方式的发展丰富了物质的供应，人口的聚集催生了生产和职业分工，产生了一些专业人员；他们观察生活，依据经验制订规则；他们研究环境，记录数据，发明了阅读、书写和计算等思考工具；他们关注自身，思考死亡，根据主观想象创造了解释自然世界的很多神话。

第二种：依赖鬼神的魔法与宗教思维

新石器时代后期，人们的思想观念和思维方式大多是靠主观想象的。魔法和宗教是当时有效的思维方式。如果遇到恶劣天气，人们会解释为这是宙斯消化不良；如果农民收成不好，就会归因是天神发怒。人们仅仅按照他们的信仰来解释他们看到的世界。

这一时期，法律和戒律也成为人们的思维方式。法律的概念来源于宗教。对神的崇拜催生了神学理论和与之相配套的道德、法规。宗教不仅成为维系社会的信仰体系，也成为法规的执行组织力量。

第三种：寻找自然解释的问题思维

魔法和宗教观念混合在一起，满足了人的好奇心理，同时也束缚了人类思维。到公元前6世纪，鬼神受到巨大的挑战，通过观察和推理的思维方式逐渐盛行。理性探索的首要人物是泰勒斯。他抛弃了依据神话解释世界的旧思维，创造了一种提出科学问题，寻找科学解释的新方法，并用经验和逻辑去证明。他努力提出自然问题，依据直觉来引导思考，从而为各种现象寻找自然本身的解释。例如，当时的人认为地震是海神发怒敲击地面的结果，而泰勒斯认为，地震与天神没有任何关系。他认为世界是一块漂浮在无边水域上的半球，当水涌动时地震就发生了。尽管这个结论现在看来是错误的，但他分析世界的思维方式无疑是开创性的。亚里士多德称赞他是"为各种现象寻找自然解释的人"。

第四种：依据目的去推测原因的逻辑思维

亚里士多德时代，人们逐渐认可宇宙可以通过理性分析被认知，而且自然变化源于物体固有的性质或者构成。亚里士多德相信物质由土、气、火和水四种基本元素组成，每一种都有内在的运动倾向。他对自然变化展开了一种前所未有的细致观察，依靠观察、常识和直觉寻找变化的原因；他通过追问目的来分析物质世界，进而推理和发现世界的秘密，成为古希腊最伟大的科学家和哲学家。

但是，亚里士多德的思维方式有两个重大缺陷：其一，他的思维方式是定性分析，而不是量化分析，他没有根据精确测量思考事物的观念，也不喜欢用数学方法去解释世界。其二，他过分依赖常识，这在一定程度上束缚了思维创新。直到伽利略时代，这种常识思维和定性思维的束缚才被打破。

第五种：重视实验与计算的科学思维

对亚里士多德来说，科学是由观察和推理构成的，而2 000年后，在伽利略等人看来，这个说法遗漏了关键的一步：实验的作用。伽利略是第一个做科学实验的人。他的实验是量化的。量化是一个革命性的观念。从此以后，科学逐步成为一种实验和计算的思维活动；设计实验，重视数据收集并据此得出结论的思维方式开启了科学的新天地，极限思维也成为处理问题的数学思维。同时，人们还发明了各种各样的测量仪器，于是，定性思维让位于定量思维，实验科学取代了经验科学。

第六种：借助理想化假设与数学认证的极限思维

所谓理想化假设，就是不考虑任何的干扰因素。17世纪，牛顿在研究运动定律时，摒弃了亚里士多德依据目的来推测原因的定性思维方式，转而运用数学计算来探索世界；摒弃了泰勒斯等人过分依赖观察和推理的思维方式，跳出观察，凭借想象，在脑海中创造了一个没有空气阻力、没有摩擦力的理想世界。他用理想化假设和数学计算等全新的思维方式绘制宇宙的力学蓝图。这种基于假设与求证的新思维方式成为科学研究的常用方法。同时，他让思考不再局限于单独的个例，而是将行为抽象为科学定律——这是人类思维的巨大进步。近500年里，牛顿的世界观是人们的第二天性，对牛顿定律的信仰成为人们思考推理的隐性前提。

第七种：依据头脑想象与数据统计的幻想思维

近百年来，在肉眼看不见的缩微（微观）世界，在构成物质的原子领域，牛顿定律失灵了。人们相信了原子的存在。原子究竟是什么模样？于是，一种超越我们直接体验的新式观察方法流行起来。这种观察方法是一种宽泛的"看见"，并不是肉眼所见，而是通过思想实验和数据计算，让科学家们在头脑中想象出与理论相符的画面。这种基于想象的"看见"根植于数学原理，远远超出了感观的体验。

现在，数据计算加头脑想象成为重要的思维方式。我们"看到"的东西，例如原子、电子，实际上并不是真的被肉眼"看到"，而是从数学中计算出来，并在物理学家脑海中创见的形象。这种幻想式的思维方式一头贴着"疯狂"的标签，另一头标志着"远见"。从某种程度上说，人类理解能力的进步靠的正是这样一连串不同寻常的想象。

第八种：不确定原理与新的思维方式

近几十年来，量子力学的发展对我们的思想观念产生了革命性的冲击。量子理论宣称人类不可能同时测量出一个粒子的速度与位置。我们越想精准地测量其中一个物理量，就越会导致另一个物理量模糊。在量子世界，过去牛顿式的一个事件引发另一个事件的"决定论"不存在了，没有必然性，只有可能性；没有"是的，它会发生"，只有"可能，它可能发生"。

至此，我们熟悉和推崇的实证科学面临困境了，我们沿用无数代的因果思维在不确定性原理面前不适用了。我们不得不接受这样一个事实：我们的认知是很有限的，宇宙是一个充满非凡秘密的地方，暗物质、暗能量都是思维的黑洞。未来的思维方式将如何演变呢？这正是摆在人类面前的新课题。

（二）思维方式的哲学基础

人类的思维方式纷繁复杂，多种多样。然而，其基础和核心无非"三性"：感性、理性和悟性。这三种思维方式不仅指导我们解读世界，更是我们行动的指南。

感性思维，是我们最直接、最原始的认知方式。它基于个体的感官体验和直观印象，往往带有鲜明的个人情感色彩。感性思维使我们能够迅速对外部世界作出反应，但其局限性也在于容易受到表面现象和情绪的左右。

理性思维，是一种更为深入、更为客观的思考方式。它基于事实和逻辑，通过概念、判断和推理等深入分析探索世界。理性思维使我们能够洞察事物的本质和规律，避免被表面现象所迷惑。在作出重要决策和解决问题时，理性思维更是不可或缺的思维工具。

悟性思维，是一种超越感性和理性的思考方式。它基于个体的直觉和灵感，能够洞察事物的深层次联系和内在规律。悟性思维往往需要长时间的积累和沉淀，能够为我们带来全新的视角和深刻的洞见。

这些思维方式的形成与发展，深受哲学思想的影响。其中，"普遍联系"和"永恒发展"两大哲学原理为我们提供了重要的思维模式依据。

"普遍联系"强调万物之间的相互关联与影响，要求我们在审视问题时，避免孤立地看待一个事物，而应将其置于更广阔的事物联系之中，以更全面的视角理解其本质和规律。

"永恒发展"则揭示了事物的不断演变和变化。它提醒我们，世界上没有永恒不变的事物，只有不断变化和发展的事物。因此，在思考问题时，我们应当具备发展的眼光，预见事物的变化趋势和潜在可能。

此外，辩证法的三大规律也为我们的思维方式提供了宝贵的指导。对立统一规律揭示了事物内部矛盾的对立与统一，要求我们看待问题时既要看到矛盾的存在，也要看到矛盾的转化与统一。量变质变规律则揭示了事物发展的过程和阶段，要求我们在思考问题时关注事物发展的量变与质变，以及它们之间的转化关系。否定之否定规律则揭示了事物发展的螺旋式上升过程，提示我们在看待问题时要有预见性，看到事物发展的曲折性和前进性。

综上所述，人的思维方式多种多样，感性、理性和悟性是最主要的三种。它们的形成与发展，离不开哲学思想的深刻影响。通过学习和运用这些哲学原理，我们能够更加精准地把握世界的本质和规律，进而提升自己的思维能力。

（三）思维模式的多维度解析

思维模式作为人类认知世界的工具，其本质是对信息的截取、解读、加工与输出。这一过程不仅体现了个体的认知深度和广度，更揭示了个体在面对复杂问题时的应对策略和价值取向。评判思维模式的高下，需从多个维度进行细致分析。

从性质特点分析，思维模式的包容性是其重要特征之一。一个优秀的思维模式能够容纳多元观点，易发生连接，形成更为全面和深入的认知。同时，逻辑性也是思维模式不可或缺的要求，它保证了思考过程的严密性和结论的可靠性。

在属性分析方面，思维模式的大小、宽窄、高低、深浅体现了不同的认知层次和深度。大思维模式能够跨越领域，看到问题的全局；宽思维模式能够接纳多种可能性，避免思维的僵化；高思维模式追求高维度思考，能够洞察问题的本质；深思维模式注重长期影响，具有前瞻性和战略性。

从方面（内容）分析来看，思维模式包括了对信息的截取、解读、加工和输出四个部分。这四个部分相互影响，共同构成了思维模式的整体。在截取信息时，需要有选择性地接收；在解读信息时，需要准确理解其含义；在加工信息时，需要运用逻辑和创造性思维；在输出信息时，需要清晰、准确地表达。

在层次（境界）分析中，思维模式的境界高低决定了其应用的范围和效果。高层次的思维模式能够应对更为复杂的问题，实现更高的价值目标。同时，境界的提升也需要不断地学习和实践，通过不断地反思和调整，实现自我超越。

过程分析关注思维模式形成的历史、环节和步骤。每个思维模式的形成都有其特定的背景和过程，通过对其历史的分析，可以了解其形成的条件和影响因素；通过对其环节和步骤的分析，可以了解其在应用过程中的具体表现和优化方向。

系统分析强调思维模式与环境的互动关系。在环境分析中，需要关注思维模式所处的社会、文化、政治和经济等背景因素；在组合分析中，需要关注不同思维模式之间的相互作用和协同效应。

在问题解决分析中，需要运用因素分析、关系分析、功能分析和措施分析等方法，找出问题的根源和解决方案。同时，也需要关注问题的长期影响和潜在风险，达成实现战略"三赢性"——利己、利他、利生态。

在价值分析中，需要关注思维模式在满足需求、激发情绪、实现理想愿景和适应群体文化等方面的作用。一个优秀的思维模式不仅能够解决具体问题，还能够提升个体的生活质量和社会价值。

（四）信息截取和解读的方式

在信息化时代，人类身处数据的洪流之中，每天被无数信息包围。然而，并非所有信息都具备同等的价值，因此，如何有效地截取和筛选信息成为我们面临的重要挑战。

1. 信息截取的多样性

信息截取并非单一行为，它呈现出多维度的特性，涵盖了空间截取、时间截取、事件截取、情感截取、全面截取和细部（局部）截取等多种模式。

（1）空间截取，帮助我们聚焦特定地区或领域的数据，揭示地理或物理空间的差异性和分布规律，从而指引我们作出更为精准的决策。

（2）时间截取，引领我们穿越历史的长河，关注特定时间段内的数据变化，帮助我们把握历史脉络，预测未来趋势，为未来的规划提供坚实支撑。

（3）事件截取，像放大镜一样，聚焦在某一特定事件或现象上，深入挖掘其来龙去脉，使我们能够更准确地判断其影响和意义。

（4）情感截取，使我们能够感受到信息背后的情感色彩和态度倾向，有助于我们更好地理解他人的感受和需求，增强人际交往的敏感度和共情能力。

（5）全面截取，强调信息的完整性和全面性，力求捕捉所有相关细节，避免遗漏重要信息，确保我们作出全面而准确的决策。

（6）细部（局部）截取，专注于信息的细微之处，深入挖掘某一方面的具体情况，虽然可能使我们忽略整体或其他方面的信息，但能让我们对某一领域有更为深入的了解。

这些不同的截取模式，实际上反映了我们思考问题的不同角度和方式。在处理信息时，我们需要根据具体情境和需求，灵活选择合适的截取模式，并综合运用多种模式，以获得更为全面、准确和深入的信息。

总之，信息截取的多维性要求我们具备灵活多变的思维方式，善于从不同角度和层面去审视和筛选信息。只有这样，我们才能在这个信息爆炸的时代中，游刃有余地驾驭信息，为生活和工作带来更多的可能性和机遇。同时，我们的思维目标和方向始终追求真诚、真相和致用，不断在探索自我、世界和现实的道路上前行。

2. 信息解读的多维性

在浩瀚的知识与信息海洋中，如何精准捕捉、深度分析和有效利用信息，已成为一个亟待解决的课题。由于每个人独特的认知角度，我们对同一事物的理解往往大相径庭。鉴于不同认知角度下的信息解读差异，我们可以从古老的寓言故事中汲取智慧，学习如何在多变的时机和角度下作出明智的决策。

《盲人摸象》的故事广为人知。每个人因所截取的信息空间不同，所得出的结论自然也各不相同。在处理信息时，我们不能仅凭片面的信息就作出全面的判断，而应当全面考虑，避免陷入"盲人摸象"的误区。这一现象不仅仅局限于空间维度，同样适用于时间、事件、情感等多个认知层面。

《塞翁失马》强调了信息截取的宏观性，即在长远的时间视角中审视问题的重要性。塞翁在失马时和失马后，祸福的转化带来意想不到的结果。这告诉我们，同样一件事，时间节点的选择不同，结论也会大相径庭。在决策时，我们应当具备宏观视野，预见事物发展的不确定性，作出更为明智的选择。

《愚公移山》强调了长远目光与不懈努力的重要性。愚公计划用一生时间移走两座大山，展现了对长远时间跨度的关注。这种关注使我们明白，在处理信息时，需有长远的眼光和坚定的信念，即使面对再大的困难也要勇往直前。

《刻舟求剑》警示我们，若截取的信息停滞不前，我们的思维也会僵化，最终只会成为笑柄。它提醒我们在处理信息时，需保持动态的视角，随信息变化而调整思考。

《狐假虎威》的寓言展示了信息截取的跨界性。狐狸借助老虎的威风来吓唬其他动物，这是一种跨界的信息借用和策略运用。它启示我们，在处理信息时，要善于利用外部资源和环境来达成自己的目的。

《小马过河》的故事强调了信息截取的选择性。小马在面对未知的河流时，听取了不同动物的建议，但最终选择亲自尝试过河。它告诉我们，在处理信息时，应当有自己的判断和勇气去尝试和实践，而非盲目听从他人建议。

这些故事提醒我们，认知角度和信息截取方式会对思维结果产生至关重要的影响。信息截取的模式多样，从空间到时间，从事件到情感，再到全面与细部截取，每一种模式都会引导我们走向不同的认知路径。

在全面理解和分析问题时，我们需要采取多种截取方式，从多个维度出发，达成获得更为全面和准确的认识。全面截取意味着我们需要考虑问题的各个方面和因素，细部截取要求我们深入挖掘问题的细节和关键点。

深入分析这些故事，我们会发现它们不仅揭示了信息截取的复杂性，更触及了我们如何构建、理解和解释世界的深层次议题。它们揭示了人类认知的局限性，强调了信息的复杂性和多维性，以及认识的实践性和致用性。通过拓宽认知维度和运用批判性思维、系统思维、创新思维及情感智慧等方法，我们可以提高认知能力，更好地理解和应对复杂多变的世界。

三、思维的高宽深活度

（一）思维的禁锢

世界处于快速变化的时代，思维方式决定了我们的行动和成就。平庸思维、狭窄思维和肤浅思维等禁锢着许多人的大脑，让他们陷入低俗的泥沼，难以自拔。为了迎接挑战，我们应当建立高宽深活的思维坐标系，打破思维的局限，打开我们的视野和格局。

平庸思维，如同温水煮青蛙一般，悄无声息地让人沉溺于安逸的泥沼，难以自拔。这种思维方式会让人逐渐失去对现状的不满与反思，满足于眼前的一切，仿佛生活已无需更多的色彩与变化。摆脱平庸思维的束缚，需要我们不断地充实自己，勇于追求更高的目标和更广阔的视野。这意味着我们不仅仅要学习新知识、新技能，更要在思想层面进行革新，不随波逐流，不人云亦云，敢于挑战传统观念，勇于尝试新的方法和思路。

狭窄思维，表现为封闭、排外的心态，让人看不到事物之间的联系。它限制了我们的视野和资源，让我们在狭小的圈子里打转。很多时候，一个人的成就，取决于他的视野和格局。要打开我们的视野和格局，就需要具备宽度思维。宽度思维要求我们以欣赏的眼光寻找联系，拓展关系，加强对接。跨界就是拓展宽度的一种方式，旨在将外部资源变成内部力量，将竞争对手变成合作伙伴，将无关的事物变成有关的内容。

肤浅思维，表现为机械静止的思考和同质化思维。它让人忽视了事物的本质和内在价值，只看到表面的现象和外在的形式，让思维陷入僵化和刻板的模式。然而，真理往往隐藏在表象之下。要探寻真理，就要突破肤浅思维，具备深度思维。深度思维要求我们深入探索事物的本质和内在规律，挖掘出其中的价值和意义。我们要勇于质疑和批判，敢于挑战传统的观念和模式，以开放和包容的心态接纳新思想和新观念。

所以，在建立高宽深活的思维坐标系过程中，我们需要避免思维的"三大病"：格局病、视角病和滞流病。格局病表现为低俗、狭窄、肤浅和割裂的思维状态，它让我们无法看到事物的整体。视角病则表现为视角盲区，思维僵化、单向、偏见和以"自我"为中心的心态，它让我们无法从多个角度和层面看待问题。滞流病则表现为呆板、无关联力和不知变通的行为模式，它让我们无法适应变化和挑战。

为了克服这些思维疾病，我们需要不断学习和实践。要通过阅读、讨论和交流等方式，拓宽我们的知识和视野；通过观察和思考等方式，锻炼我们的洞察力和判断力；通过实践和创新等方式，提升我们的能力和素质。只有这样，我们才能建立起高宽深活的思维坐标系，迎接未来的挑战和机遇。

（二）认知的层次

人类在认识和理解世界的过程中，经常需要从不同的维度和层面去分析和解决问题。这就像是在不同的空间维度中游走，从少维到多维，从低维到高维，我们的视野逐渐开阔，理解也逐渐深入。

想象一下，我们开始时只是看到一个具体的、特殊的事物。比如，看到一个苹果，我们可能只会注意到它的颜色、形状和味道。但是，当我们开始升维思考时，我们会从这个具体的苹果出发，去探索所有苹果的共同特性，甚至进一步理解水果的普遍规律。同样地，我们的思考也是如此，从特殊到普遍，由具体到抽象，逐渐构建起对世界的全面认识。这种从具体问题中抽象出普遍规律，再用这些规律去解决更多具体问题的过程，就是升维思考的典型体现。

升维思考，就是让我们从更高的维度去审视问题，从而看到事物的全貌和本质。而降维打击，则是在理解和解决问题时，将复杂问题简化为更基础的元素或原理，从而更容易找到解决方案。这就像是将一个三维的物体投影到二维平面上，虽然失去了一些信息，但更便于我们观察和理解。

在认识世界的过程中，我们还遵循着一个基本的认识秩序：从个别到一般，再到个别。我们总是先通过观察个别的事物，然后抽象概括出一般的原理或规律，最后再用这些原理去解释和预测新的个别事物。这就是归纳与演绎的过程，也是我们认识世界的基本方法。

总的来说，升维思考和降维打击是我们认知世界的重要工具。它们帮助我们从一个小小的点出发，逐渐展开对整个世界的全面理解。无论是解决数学问题，还是理解自然界的奥秘，这两种方法都能让我们更加游刃有余地洞察问题的本质。

训练学生的思维品质，提高学生的智力能力。作为思维结构的第五个成分，思维品质是指智力活动特别是思维活动中智力与能力特点在个体身上的表现，体现了个体的思维水平不同，个体智力与能力的质量差异。

（三）思维的品质

在知识（科学）的宇宙中，思维品质如同一颗颗璀璨的星辰，照亮我们探索未知的道路。它是我们智力活动的核心，展现了个体在思维水平、智力和能力上的独特差异，更是塑造卓越心智的基石。

深刻性，如同思维的透视镜，让我们能够洞察事物的深层含义，把握其本质和规律。它表现在善于深入地、逻辑清晰地思考问题；善于系统地、全面地开展思维活动；善于从整体上用联系的观点认识事物，掌握知识和严密地推理论证，使我们能够在复杂情境中迅速抓住关键，从整体上用联系的观点认识事物。

灵活性，是思维的舞者，赋予我们灵活多变的思维方式。灵活性反映了智力和能力的"迁移"，具有四个显著特点：一是思维的方向灵活。善于从不同的角度、不同的方面去思考问题，善于应用不同的知识，用不同的方法正确地解决问题。二是思维的过程灵活。从分析到综合，从综合到分析，善于组合分析问题。三是思维的结果灵活。思维的结果具有多样性、灵活性和合理性。四是迁移能力强。对知识和方法，能够有效地正迁移。

批判性，是思维的守护者，使我们能够严格评估思维材料，精细检查思维过程。它不会轻易被表面现象所迷惑，能够透过现象看本质，全面考虑各种因素，确保思考的正确性和合理性。

敏捷性，如思维的闪电，让我们在正确的基础上迅速捕捉问题的关键，快速作出决策和判断。这种能力使我们在处理紧急情况时能够迅速反应，避免错失良机。

独创性，是思维的艺术家。它赋予我们独特的思维风格和新颖的解决方案，让我们能够独立思考，勇于挑战传统观念，创造性地发现问题和解决问题。这种独特的思维方式能为我们带来前所未有的启示和灵感。

总之，深刻性、灵活性、批判性、敏捷性和独创性，五大思维品质如同璀璨的星辰，点亮了我们的智慧之路。通过培养和发展这些品质，我们能够更好地认识世界，解决问题，实现自我超越。

（四）高宽深活——构建卓越的思考框架

评判思维模式的高下，我们可以从三个基本特征入手：包容性、逻辑性和战略"三赢性"。一个优秀的思维模式，应该具有广阔的包容性，能够容纳各种信息和观点；同时，它应该具有严密的逻辑性，能够确保思考的正确性和合理性；同时，它应当具有战略"三赢性"，即利己、利他、利生态，实现多方共赢。

思维模式的大小不同、宽窄不同、高低不同、深浅不同，拉开了人与人之间的差距。

宋代画家郭熙在《林泉高致·山水训》中提出的"三远说"，为我们理解思维品质提供了新的视角。"高远""深远""平远"，不仅是对自然山水的描绘，也是对思维品质的生动诠释。好的思维模式就如同山水的"三远"，能够高远、宽广、深邃、灵活。

在复杂多变的世界中，我们需要思维的刀剑，既能洞察事物的本质，又能灵活应对各种挑战。思维的"高""宽""深""活"四个维度，正是我们构建卓越思考框架的基石。

思维高度的本质在于寻找差异，它代表了我们的分析能力。当面对一个问题时，我们不能仅停留在表面现象，而要深入剖析，挖掘其背后的深层次原因。这需要我们不断地全面审视，科学分解，条分缕析，掌握事物的构成因素、结构特征与本质差异，提升对事物的洞察力和判断力。只有这样，我们才能在纷繁复杂的信息中，精准地把握事物的本质。

思维宽度的核心在于寻找关联，它反映了我们的关联能力。关联是从一个事物联想到另一个事物的思维，是大脑运行的基本方式。大脑如同一个庞大的网络，不同的知识点、经验和感受相互交织。智慧密码就在于关联。通过培养联想力、类比力，我们可以将看似不相关的事物联系起来，发现新的视角和思路，从而拓宽我们的思维边界。这种能力让我们能够跨越学科的界限，从多个角度审视问题，发现新的解决方案。

思维深度的精髓在于寻找本质规律，它体现了我们的抽象概括能力。在复杂的现象中，我们需要有敏锐的观察力和深邃的思考力，从中提炼出具有普遍性和规律性的认识。这需要我们掌握思维技术，通过概括形成概念，运用概念进行类比、推理，据象索义，形成新的命题和（或）价值判断，提高认识的深度和思维的层次。只有这样，我们才能更好地理解世界，把握事物的本质，为决策提供有力支持。

思维灵活的本质在于寻找替代，它展现了我们思维变通与转换的能力。在快速变化的时代，我们需要有快速适应和应对变化的能力，学习一些变通技术和思维转换的方法，如运用极点思维、逆向思维、联想思维、替换思维、系统思维等思考对策；在面对那些模糊、不确定、变化、非线性、不可预测的情境时，多一些弹性思维，用直觉和想象来处理信息和问题，制订替代（备选）方案，从而打破传统的束缚，迅速调整策略，寻找新的解决方案，为发展开辟新的道路。

人最大的欲求是对意义的追求。意义是在世界（事物）关系中发现被需要、被利用的价值。思维的高远、宽广、深邃和灵活是人类追求价值存在的执着理想。向上是高远的体现，向外是宽广的体现，向内是深邃的体现，变化是灵活的体现。思维的"高""宽""深""活"四个维度共同构成了我们思维模式的基石。通过不断提升自己的分析能力、关联能力、概括能力和转换能力，我们可以构建出更加卓越的思维框架，在复杂多变的世界中保持敏锐的洞察力和灵活的应变能力。

（五）解决问题的六大思维技术

在应对复杂多变的问题时，仅仅依赖知识的积累是远远不够的。我们还需要一套系统性的思维技术高效地分析和应对。分离、组合、扩展、推移、变通和转换六个方面的思维技术为我们提供了解决问题的有力工具。

1. 分离技术

分离技术教会我们将结构或复杂问题拆解成更小、更易于管理的部分。通过将问题简化、分解和分析，我们能够更深入地理解每个部分的特点和功能，找到问题的根源和关键要素。简化、分解、分析等基本技术是分离技术的基本内容，是寻找差异和发现问题的重要法宝。这种技术不仅提高了分析的精度和效率，还有助于我们条分缕析，把握要素，高瞻远瞩，认清层次，高屋建瓴，降维打击，系统审视问题，逐个击破难点。

2. 组合技术

与分离技术相反，组合技术鼓励我们将不同的元素或部分重新组合，以形成新的、有价值的整体。组合技术包括概括、抽象、综合等基本技术，是寻找联系、分析问题的重要法宝。通过概括、抽象、综合等不同的组合方式，我们可以发现新的概念、模式、结构和可能性，从而让信息更全面，思路更宽广，思想更深刻，创造出更多全新的解决方案或产品。这种技术激发了创新思维，推动了创新和进步。

3. 扩展技术

扩展技术关注如何拓宽我们的思维边界和认知范围。通过不断学习新知识、接触新领域和尝试新体验，我们可以拓宽思维视野和认知边界，发现更多的可能性和机会。扩展技术是促进思维宽广的重要技术，培养了我们的开放性和包容性，使我们能够更好地适应和应对复杂多变的世界。

4. 推移技术

推移技术是一门将未知领域与已知领域巧妙连接的艺术，它专注于将问题或解决方案从一个环境灵活地转移到另一个环境，实现知识的创造性迁移和解决方案的精准落地。在运用推移技术时，我们首先应当清晰地识别问题的本质和要达到的目标；然后，利用联想和想象的力量，挖掘与问题相关的已有知识和经验。在这个过程中，联想、想象、试探、猜测、启示、直觉和顿悟就像智慧的火花，为我们照亮前行的道路，提供突破性的思考方向，引领我们对潜在的解决方案进行初步的探索和验证。同时，我们还借助中介、类比、推导、隐喻和借鉴等技术，寻找不同领域之间的共通之处，让知识在新的环境中焕发新的生机。

5. 变通技术

变通技术作为一种高效的问题解决策略，它强调在面对各种挑战和困难时，不要为固定的思维模式所束缚，而应当灵活地调整思考方式和策略。这种技术鼓励我们通过增减问题的要素、转换问题的视角或条件，找到新的解决路径，实现思维的灵活变通。变通技术不仅帮助我们由点及面地理解问题，还能让我们一叶知秋，洞察问题的本质和规律，教会我们如何在特殊与普遍、简单与复杂、正向与逆向、定性与定量、有限与无限、连续与不连续等多重维度上进行思维变通，使我们的思维更加广阔和深邃。

6. 转换技术

转换技术强调在思考问题时，要能够从不同的角度或层面进行转换。通过改变问题的表述方式、调整思考的重点或改变问题的框架，我们可以发现新的思考路径和解决方案。这种技术有助于打破思维定式，提高我们的思维灵活性和创新性。

在问题解决的过程中，这些思维技术各有特点，相互补充、相得益彰。它们不仅帮助我们更高效地处理信息、更深入地理解问题，还能够让我们更灵活地应对挑战，取得更好的成果和效益。

第一篇

如何高远
——寻找差异，发现问题

　　思维的高远指的是思维的层次、境界、维度或视野的高度，是思考问题时所展现的系统性、超越性、前瞻性和战略性。思维高度的核心在于精准地寻找差异与发现问题，这一过程融合了简化、分解与分析三大技术。简化技术作为思维的起点，通过撇开次要因素、限定条件范围、归类和合并同类项等方法，将复杂问题化繁为简，为深入探索奠定基础。分解技术则进一步细化问题，通过比较识别事物间的异同，分类整理以揭示其内在联系与特性。分析技术旨在深入问题的本质，通过因素分析、构成分析、过程分析，揭示影响事物发展的各要素及其作用。这一系列技术共同构成了思维高屋建瓴，见微知著，精准发现问题的有效路径。

第一章　简化技术

简化是认识事物、解决思维课题的必由之路，各种思维活动都离不开对简化的运用。简化的技术很多，撇开次要因素、限定条件范围、归类和合并同类项等都是简化的常用技术。

简化乃是思维和认识得以逐步推移扩展，不断丰富、深化的重要契机与中介环节。通过化繁为简、转难为易，避免不分主次，"眉毛胡子一把抓"。

对所处理的问题到底如何简化，最终可以简化到什么地步，这是由问题的具体内容和所提出的具体要求决定的。一般来说，简化有取舍、限定、合归、转换四种方式。

第一节　撇开次要因素

在事物的多维属性、纷繁复杂的构成部分与各个方面，以及它与其他事物交织的种种联系之中，并非所有元素都平等地占据重要地位或展现同等的影响力。相反，针对特定问题或情境的深入考察揭示，总有一些核心因素，它们以本质的、直接的、决定性的方式发挥作用。其余因素可能仅产生较为间接、微弱的影响，甚至在某些情况下，完全处于不相关的边缘位置。这种层次分明的结构，使得我们在理解和应对问题时能够聚焦于关键要素，更加精准有效地把握事物的本质与发展趋势。

撇开次要因素的方法，就是抓大放小、抓主舍次的方法，要求我们在求解问题时，首先要从纷繁芜杂的事物中剔除那些无关紧要的事物，从错综复杂交织的矛盾中识别出主要矛盾，从盘根错节的联系中识别出重要联系，从众多的方面、属性、作用中识别出主要的东西。

如何撇开次要因素，抓主舍次呢？取决于研究的目的、现实的条件、面对的情况和事物的本质特征。

第一，明确目标。明确我们想要什么，或者说要确定行动的目标是什么。目标不同，取舍的标准也不同。"天机云锦用在我，剪裁妙处非刀尺"，虽然陆游的名句是写诗词创作中的剪裁、提炼之道，但其他写作活动中的选材立意也是如此，总是根据写作的目的与想要表达的主题取舍的。用在简化系统解决问题时，根据目标决定取舍也是如此。目标的制订很重要，因为它决定了简化的方向。去什么，留什么，都是以解决问题达成目标为出发点的。

第二，分析条件。要弄清我们有什么，我们缺什么。弄清有什么，是指要明白目前我们拥有哪些资源，这些资源有何特点？价值如何？还有我们处在什么样的环境中，哪些情况可以利用？盘点缺什么，是要分析达到目标还差什么条件，哪些是不利因素？同时，还要相对客观地认识自己，结合自身的情况，注意周围环境的限制。

第三，辨明情况。要分析我们面对的事物是什么，或问题与症结是什么。一般来说，根据事物的属性或特点排除次要因素，抓住主要因素是比较理想的。但是有时我们对情况还不清楚，对事物的属性、特点所知甚少，这时我们需要具体情况具体分析，甚至不得不根据对事物属性的推测或猜想来取舍。

第四，制订取舍标准。研究的条件和目标确定后，我们可以依据目标、条件制订取舍标准，或者在心里确定一个便于操作的标准。这个所谓次要因素的标准可以是社会上常用的准则，也可以只是个人的标准，总之是以其在实现目标过程中所起到的作用与影响为依据的。

第五，撇开次要因素。有了取舍标准后，接下来就是依据标准对照比较，留主舍次，再集中力量对主要因素进行具体分析了。"删繁就简三秋树，领异标新二月花"，这样通过简化，裁剪了旁枝杂叶，突出了主干特征；排除了次要因素的干扰，可以将力量集中在主要因素的分析上，从而可以重点突破，开出新花。

曲思于细者必忘其大，锐精于近者必略于远。在认识事物、解决问题的活动中要处理好精细与简约的辩证关系。

第二节　限定法

限定，即确定界线，一般是对特定对象在数量、范围、条件、目标等方面加以规定，以确定事物的界线，或问题讨论的边界。万物互联，广袤无边，人生苦短，所为有限。

进行限定的必要性，是由事物的客观本性所必然决定了的。

要研究事物，解决问题，应当把所研究、考察的事物从无边无际的空间联系和无始无终的时间长河中加以限定，从而分离出来。可以针对某一侧面或部分，提取在某一时间片段的截面进行研究，通过对与之相关的有限因素、属性和联系的分析研究，获取相应的认识成果，争取有关问题的解决。

对研究对象的限定主要表现在两大方面：一是对思维活动的限定，二是对思维成果的限定。

一、思维活动的限定

思维活动虽然可以天马行空，引发奇思妙想，但不能无视特定对象和有限条件，无头无脑，不着边际。特别是在分析和解决问题过程中，总是要对所研究的对象、范围和期望达成的目标有一个基本的限定。

一是研究对象的数量限定。将研究问题涉及的对象进行一定取舍，最好将研究对象限定为我们真正关注和在乎的范围，或者是与解决问题密不可分的主要因素。不能"眉毛胡子一把抓"，这也想研究，那也不想放弃。研究对象太多，摊子铺得太大，结果"捡了芝麻丢了西瓜"，得不偿失。

二是已确定的具体对象的阶段或范围限定。任何一个对象，总是与宇宙万物有着这样那样的复杂联系，如果放在时间的长尺度中，它总是历经变化，今是而昨非。我们分析问题，必须将讨论对象限定在一定的时间内，在一定的区域中，而且必须确定研究的只是对象的某一两个特定的侧面、层次或局部。只有通过明确的限定，才能够将认识引向深入，形成确切的课题。

三是目标限定。要确定合适的研究目标，明确我们从哪里出发，到哪里去。这个目标的拟定应当根据研究的需要确定，同时，受所掌握的资源等现实条件的限定。例如，一个室内设计项目，必须考虑到人、建筑、环境、社会这四个方面的限定，在这样的背景条件下"看菜吃饭""量体裁衣"，思考设计定位，确定设计概念，进行整体规划设计，才可能设计出既有创意又符合客户要求的满意作品。

四是时间或手段的限定。时间是重要的限制条件，多少时间做多少事，根据时间来安排进程是智慧的体现。同时，限定时间往往能促进紧迫感，激发创造，提高效率。谈判技术中有一种策略叫"限定策略"，是指在谈判中，为了一定的目的而对某些条款或因素等作出限定。其中规定时限谈判是重要策略之一，它要求谈判一方向对方提出达成协议的时间限期，超过这一限期，提出者将退出谈判，以此给对方施加压力，使其尽快作出决断。

在课题研究中，很多课题对研究的手段进行限制，有时在课题名称中就明确列出"基于某种理论""采用某种方法或手段"，对什么进行

"行动策略研究"或"实践研究"等。在心理咨询中也有一条重要的限定原则，即为保证咨询成功，会在咨询中规定各种限制，如职责限制、时间限制、感情限制和咨询目标限制等，以确保咨询的任务只是解决心理问题本身。

二、思维成果的限定

思维活动得出的结论与成果的把握，同样需要有明确的限定。任何结论的成立都有一定的条件；任何成果都有一定的适用范围。对我们的结论和成果作一些适用性限定，可以选用适当的限定词让其表述得更准确。

限定词其实不是单纯的一类词，而是指一些对所修饰的名词起特指、泛指、定量或不定量等限定作用的词语或短语。

限制词语或短语很多，简单列举以下一些可供参考：

限定对象：一般多用指示限定词，一是人称代词，如你、我、他、它、它们等；二是指示代词，如"这""那""那些"等。

限定时间：目前、迄今为止、暂时、不久的将来、过去、渐渐等。

限定程度：最、比较、几乎、相当、稍微、更加、一定作用、充分表明等。

限定数量：之一、多、有余、很少、不多等。

限定范围：全、都、大部分、大面积、总共、有些、少数、广泛等。

限定频率：一般来说、往往、常常、经常、通常、总是、有时等。

限定来源：根据、按照、据测定、依据等。

限制条件：只有、才、在其他条件几乎没有变化的情况下、从一定意义上说等。

表示估计或推测：大约、可能、左右等。

在思维活动中，面对复杂的问题情境，主体不断地进行分离与限定，很有必要。第一，能够明确和聚集目标，不至于盲目地纠缠于那些力所不及或不切实际的问题；第二，可以使提出的问题更加合理、更有价值，甚至为问题的分析解决提供了思路；第三，对所研究的问题作出确切限定，有助于区分主次，略去那些次要因素，使问题研究简化；第四，认清有关研究范围的界限，使人对于需要解决问题的性质和所要达到的目标有了比较明确的认识，能够起到显著的意识定向的作用，让我们注意的焦点及时聚拢，有利于我们有针对性地收集资料、精准施策，也有利于我们将储存记忆中的有关知识和方法激活起来，使思维沿着一定方向扩展和深入。

第三节 归类法

所谓归类法，是在分析问题特性的基础上，将所研究的问题归入适当的类别，然后应用解决该类别的相关知识、经验和方法解决该问题。

归类简化操作有以下三种具体方式：

第一，归拢分类，条分缕析。主要是将影响问题的诸因素分类，再依类归并，使之条理化。在面对复杂问题时，我们可以将诸多问题或问题的诸多因素归拢合并，使问题分析或研究思路条理化，同时，便于将一个大问题分解为诸多小问题。

例如："天人合一"被视为中国传统哲学和文化的"基本精神"之一，但不管是道家、儒家还是禅宗，对其内涵的解释却是见仁见智。我们在讨论古代天人合一思想时，可将历代先贤关于天人合一的思想收集归拢，对各家观点进行大致归类。

第一种是天人相类，或天人相副、天人同构。如董仲舒所说"人之为人本于天，天亦人之曾祖父也"；第二种是天人一体，如阴阳家认为天与人同质，同质则源于同气；同气相求，故同类相感；第三种是天人同性，即天地之性亦人之性，尽性则可以知天；第四种是天人同理，"天道"即"人道"，老子曰"人法地，地法天，天法道，道法自然"。具体到对"天"的理解，又有"神灵之天""道德之天""义理之天"和"自然之天"。通过分类陈述，可见中国传统的天人合一论是多层次、多方位的，同时，它们又贯穿着一条基本的理念，即"天"的绝对性和权威性。

第二，诊断归类，依类施策。归拢分类面对的是较多问题，或问题内在的较多因素，是对多问题或多因素分门别类，达到化多为少、化繁为简的目的；而诊断归类针对的是整个对象或单个问题，是对问题的整体审视，然后根据问题的特征，将之归入自己熟悉的适当类别或者已经有解决办法的某种类别。

例如：医生诊病，首先要通过望、闻、问、切或现代诊断技术，将病情诊断出来，归入某类病种或病例，然后参照医治这类病情的成熟疗法进行手术或药物治疗。诊断归类有明显的定向作用，可以促使我们有目的地进行联想、试探，使思维活动按照一定的框架，沿着一定的方向扮演下去。我们在教学或应试时，用好归类方法往往事半功倍：如果我们在学习过程中，有意识地将众多问题归类为多种基本类型，总结出解决它们的一般规则和程序，那么在应试时，我们将新的试题与过去总结的问题基本类型相比较，把它归入那些基本类别中去，然后参照解决那类问题的基本方法思考，很容易获得解决现在问题的框架思路。

总之，如果能够正确地把所面对的问题归入它所从属的基本类型，或者将之转化为某个或某几个属于所熟悉的基本类型的问题，这就如医生对病情作出了正确诊断一样，为解决问题走出了关键一步。

当然，诊断归类方法的应用效果，还取决于对问题基本类型的认识程度和解决办法的总结情况。正如医生治病一样，如果对各种各样的病情研究不够，或者对一些病情没有成熟的治疗方法，要想顺利诊断治疗是非常困难的，但这并不排斥归类方法的使用。即使我们不能将所遇到的问题准确归入相应的具体类别，还可以将之归入某个比较广泛的大类之中，依据这些大类的一般方法来整理思维，寻找办法。

第三，问题归类，清晰思维。哲学上的经典问题有三个，即我是谁？我从哪里来？我到哪里去？许多人生的问题与思考的框架都是以此为出发点和落脚点展开和生发的。由此引申，我们也可以将解决问题的思考分为三大类型：是什么？为什么？怎么做？这三问概括了一个相对合理的问题解决过程。

"是什么"是事实性问题。重在追问事物真相，分析问题症结，把握事物性质和结构。回答"是什么"问题，一般要对事实特点或问题要求解答、定义或说明。

"为什么"是原因性问题。重在寻找各因素或事物之间的关系，探讨各因素或事物间相互作用、相互制约、相依为变的因果联系，把握事物的功能和作用。回答"为什么"的问题，一般会"执果索因"，找出导致结果的因素及其因素间的因果关系，探求事物的根源和底蕴；或者"据因探果"，预测未来，推断事物的演变与发展。

"怎么做"是操作性问题。重要的是给出办法，设计构思、优化革新。回答"怎么做"的问题，需要尽可能给出解决方案，包括做什么，怎么做，谁来做，何时做，等等。能够分阶段、分步骤给出操作流程或程序就更好。

当然，问题基本类型有很多，不同的角度可以进行不同的分类，比如：可以根据问题的性质，把问题分为事实性问题、动机性问题、态度性问题、行为性问题、利害性问题等；根据问题的存在形式，可以将问题分为应然性问题、实然性问题、或然性问题等；根据提问者的关切，可以将问题分为事实判断问题、关系判断问题、价值判断问题等。不同的问题类型强调的重点不同，回答的要求也会不同。积累一些回答这些问题的思维框架，对于拓展思路、快速思考大有裨益。

总之，归类是根据对象的共同点和差异点，把对象按类区分开来的方法。通过归类，可以使杂乱无章的现象条理化，使大量的事实材料系统化。

第四节　转换法

在求解复杂问题的过程中，转换归约犹如一盏明灯，照亮了我们依类施策、精准应对的道路。它不仅仅是一种策略，更是智慧与效率的结晶，引领我们逐步揭开难题的面纱。

模式化，数学与思维的双重瑰宝，以其独特的魅力在解题领域大放异彩。它教会我们如何构建解决问题的蓝图，或灵活运用既有的成功模式。模式化不仅蕴含了化归的深刻哲理——无论是化未知为已知，还是化繁为简，它都是推动我们思维向前跃进的重要动力。同时，它也为类比、联想等高级思维活动搭建了坚实的平台，让我们的思考更加丰富多彩。

递归，算法领域的璀璨明星，同样遵循着转换归约的智慧法则。它以一种近乎艺术的方式，将庞大的问题层层拆解为规模更小、形态相似的子问题，让我们能够轻松驾驭，逐一解决。递归的精髓在于将陌生转化为熟悉，将混乱引向有序，将无解导向有解，它让复杂问题在层层递进的转化中变得简单明了。

等值替代、等价替代、近似替代、变换、归约、同构等转换技术，是我们在求解过程中不可或缺的得力助手。它们如同精妙的手术刀，精准地切割着问题的复杂性，让我们能够聚焦于问题的本质，实现有效的简化。这些技术的广泛应用，不仅彰显了转换归约策略的强大生命力，也为我们提供了一种全新的视角和思维方式，让我们在求解问题的道路上越走越远。

例如，匈牙利杰出数学家路沙·彼得曾在其书中举了一个巧妙的事例。有人问："设想你手边备有煤气灶、水龙头、水壶与火柴，你想烧开水，你该如何操作？"一位应答者迅速而直接地回应："先向壶中注水，随后点燃煤气，最后将壶置于煤气灶上。"这一答案得到了提问者的认可，但紧接着，他提出了一个微妙的变体："若所有条件依旧，唯独水壶已充盈清水，此时你又该如何行动？"

多数人或许会自信满满地回答："直接点燃煤气，放置水壶。"然而，路沙·彼得却指出，这样的回答并未触及问题的核心。在他看来，数学家会采取一种更为深刻的策略："物理学家或许会直接加热，但数学家则会选择倒空壶中之水，宣称已将新问题简化为原问题的形式，实现了问题的归约。"

归约，这个概念超越了具体算法的范畴，它是一种深邃的思维策略与方法论。其核心在于，通过对原始问题的深刻洞察与抽象建模，构造出一个与之等价的新问题，通过解决这个新问题间接达成对原问题的攻克。归约的过程，实质上是将复杂棘手的问题化繁为简、化难为易的艺术，体现了"简约之约"的哲学精髓。

在哲学与逻辑学的语境下，归约常被理解为将某一难题或现象归结于另一个更为基础、易于处理的问题或框架之中。这个过程不仅简化了问题的表象，更触及了问题的本质，展现了人类智慧在解决复杂问题时的灵活与深邃。

在数学领域，归约思想尤为重要，它不仅是推导过程的逆向思维展现，更是解题策略中的一把利剑。转化思想，作为归约思想的具体体现，鼓励我们面对未知、陌生或复杂的问题时，勇于通过演绎、归纳等转化手段，将其转化为已知、熟悉或简单的问题形态，从而开辟出解决问题的新路径，形成一种新模式。所谓新模式，就是解决某一类问题的方法论。当我们将解决某一类问题的方法归纳总结到理论高度，就形成了模式。

简化，这一看似简单的过程，实则蕴含着思维与认识的深刻变革。它不仅是问题解决的关键步骤，更是我们思维与认识不断向前推移、扩展、丰富和深化的重要契机和中介环节。通过简化，我们能够更加清晰地看到问题的本质和规律，从而更加准确地把握解题的方向和策略。

🔗 本章回顾

简化是一种高超的思维方法，也是一种认识追求，它体现了大道至简的智慧与力量，通过撇开次要因素，依据特定条件和目标对问题予以限制与归类。简化技术能在事物纷繁杂乱的关系中抽丝剥茧，将无序变为有序，将无条件解决的难题转化为有条件的相对易解问题。化繁为简的能力不仅是人类大脑智慧的体现，更是认知力量的象征，代表着思想的最高境界。只有站得高、看得远、格局大，从高维视角向下俯视，才能事半功倍地运用简化技术，达成问题解决的目的。不畏浮云遮望眼，自缘身在最高层，以简化技术为翼，洞察事物的本质。

第二章　分解技术

分解是一种重要的思考方法，它能够将复杂的思考对象或问题拆分为各个部分或要素，通过比较和分类，留下所需部分，摒弃多余部分，以便更深入地理解其本质和内在联系。这种方法涉及比较、划分、分层、分类等具体手段，帮助我们清晰地把握整体与部分之间的关系。通过分解技术，我们可以更高效地思考、分析和解决问题，提升思维能力和解决问题的能力。

第一节　比较

比较是确定事物相同点与不同点的基本方法。我们根据一定的标准，将纷繁复杂、相互关联的现象置于同一审视框架之下，细致入微地探寻其间的相似与相异，相同和不同，这就是比较。

要认识事物，就应当辨别同异、把握特性、划分类属，这些都离不开比较。人们往往是通过比较，将两种或两种以上有联系的事物放在一起对照考察，从而辨别异同，区分高下。有比较才有鉴别，有比较才能区别差异性与统一性，把握事物特性与本质，对事物进行正确评价，舍取和利用。

比较不仅是一种方法，也是一种态度，更是一种追求真理、探索未知的执着精神。

比较的方法和步骤如下：

一、选择比较对象

在探索复杂多变的世界时，选择恰当的比较对象是我们深入理解和分析问题的关键一步。

在此之前，我们要明确比较目的，它如同灯塔，引领我们穿越信息的海洋，聚焦于问题的核心。因为事物以其丰富的侧面和多样的属性展现独特的魅力，同时，又在错综复杂的联系中交织着共同性。这为我们提供了广泛的可比性，也要求我们具备敏锐的洞察力和精准的筛选能力。因此，我们应当精心挑选那些在同一逻辑框架或领域内具有可比性的对象，确保分析的基础稳固而坚实。

为了全面而深入地揭示对象之间的差异点、相似点及潜在关联，我们还需要确定一个或多个富有洞察力的比较角度。时间与空间是物质（事物）的基本存在方式。毋庸置疑，一个事物可以从时间角度纵向比较，把握它的先后相继、发展演化、成长规律；也可以从空间角度横向比较，把握它的形态、属性、同一空间上与其他事物之间的联系。时空角度是对事物进行比较的两个最基本的维度。从比较的内容角度看，主要有宏观比较、中观比较和微观比较；从比较的目的角度看，主要有求同比较、求异比较和协调（平衡）比较。

比较对象和角度确定后，应当进一步确定每一角度的比较点或比较项，这个"点"或"项"，可以是某一个侧面，或者某一种形态，或者某一种性质。每次比较时，只能比较同一个"点"，也就是只能就同样的侧面，或同一种形态，或同一种属性，或同一类联系进行比较，不同的侧面和形态之间是无法进行比较的。无目的的比较、无可比性的比较，耗时费力，也不会有什么结果。

如果有条件，我们应当进行多角度、多侧面、多属性的比较，从而丰富对比分析的层次与深度，促进对问题本质的深刻理解。但是，更多时候，基于解决问题的角度，为了节省时间与精力，应当以主要问题与目标为出发点，确定适合的角度，对事物的特定方面进行比较，从而把握事物属性，解决根本问题。所以，比较角度与比较"点"或"项"的确定要坚持目标性原则，即坚持以研究目标或求解问题为导向，寻找达成目标的对照物，确定比较角度和比较项目。

二、制订比较标准

在明确比较的角度与具体比较点后，我们应当基于研究目标或问题解决的导向，通过深入观察、思考和分析，构建一套操作性强、具有指导意义的衡量标准。这一步骤旨在界定比较过程中哪些要素应成为核心关注点，哪些则可适度淡化，以确保分析的精准与高效。因为在认知与实践的广阔领域里，不同对象依据不同标准衡量，往往展现出各自独特的优势与局限，所以只有明确价值导向和比较标准，才能提出富有洞察力的设想、策略或规划。

构建统一且严谨的比较标准，应当遵循以下原则：

（一）可比性原则

确保相互比较的对象间具有相关性，存在内在联系，共享一个或多个可比的基准点，这是进行比较的先决条件。

（二）一致性原则

比较的项目范围、深度和广度上要保持一致，避免因范围差异导致偏差。

（三）客观性原则

涉及形态、属性等客观条件时，需确保比较环境或条件的一致性，以消除外部因素的干扰。

（四）价值观一致性原则

在评价优劣、区分主次时，要采用统一的价值观体系，确保结论的公正性与合理性。

（五）数据真实性原则

所有用于比较的资料必须真实可靠，这是保障比较结果有效性的基石。

（六）重点性原则

重点性原则，要求我们在选择比较内容时，紧密围绕研究目的或问题核心，突出事物的关键特征。在比较视角的选取上也要把握主要方面，或对制订的多种标准分配不同的权重，更好区分主次，突出重点。

制订比较标准，实质上就是将研究对象的材料按可比较的形式进行排列。要求研究者将纷繁复杂的材料以易于比较的形式整理呈现，比较内容清晰界定，比较数据准确无误，达成增强分析的可操作性与科学性目的。

在此过程中，可比性原则与重点性原则尤为重要。可比性原则强调比较对象间必须存在直接或间接的关联，确保比较活动的有效性与意义。重点性原则依据目标、问题和资源条件，有的放矢，重点突破，多快好省，针对性强，更利于有效和高效解决问题。

三、逐一比对，洞悉异同

资料的收集、整理与分类，是比较旅程的起点。它们如同构建知识大厦的砖石，每一块都承载着对世界的理解与诠释。如何从中挑选出最具价值的素材，如何以恰当的方式进行解释与呈现，都考验着研究者的智慧与洞察力。

当我们将两个或更多对象置于同一比较框架之下，细致入微地观察与对照，揭示事物内在联系与差异，比较的旅程便悄然展开。此过程如同在纷繁复杂的表象中抽丝剥茧，逐一剥离交织的侧面与属性，直至发现那些微妙而关键的差异点，以及隐藏于截然不同事物间的相似脉络。

在一个具体项目研究中，可供比较的内容可能会很多，究竟比较什么，从哪些方面进行比较，怎么比较，这些都与研究目的有关，也与研究者的认识能力有关。比较常常是从现象的比较开始的，随着认识的深化，分析比较也在逐步地透过现象看本质，向本质的比较转化。

比较，不仅仅是简单的异同辨识，还是深入骨髓的分析与综合过程，第一，我们要敏锐地捕捉到事物之间的细微差别；第二，要善于在差异中提炼共性，在迥异中寻觅联系；第三，将影响事物特性的差异点抽取出来单独考察，在截然不同的事物之间寻找相同与相近之处；第四，将具有相同性的东西抽取出来观察统计，寻找和提炼规律。这种能力，使我们超越表面的浮光掠影，直抵事物的本质核心。

为确保结果的客观性与准确性，我们应当借助多样化的方法与工具。深入研究对象内部，挖掘其内在逻辑与规律；运用现代信息技术手段，广泛收集与研究对象相匹配的资料；对收集到的资料进行严格筛选与鉴别，确保其真实性与代表性。唯有如此，我们才能在比较的海洋中乘风破浪，最终抵达真理的彼岸。

四、比较深化，探寻本质

为了穿透表象，避免浅尝辄止，我们还要将比较更深掘一步，就是"于细微差异中洞察深刻的共性，于隐晦共性间发掘独到的差异"。这是进一步同中求异的艺术，也是异中见同的智慧展现。它引领我们在对事物普遍规律的把握中，不忘细致入微地探索其独特个性；在对个体特性的深刻理解中，能抽象提炼出普遍的共性特征。

通过这样的比较，我们在事物的统一性中敏锐地捕捉到潜在的对立与差异，揭示出矛盾与多样性的并存；同时，在纷繁复杂的差异之中，我们又能寻找到和谐共生的力量，展现出事物内在的统一与协调，真正做到"同中见异，异中求同"，达到对事物全面而深刻的理解。

第二节　分类

分类是在对许多事物进行认真比较的基础上，根据它们在某个侧面、某种性质或某种联系上所具有的共同点和差异点，将事物进行划分，构成不同类别的逻辑方法。分类的目的是对事物更好地区分和利用。当思路和认识陷入难以前进的困境时，我们可以将相关事物进行要素分解，然后分门别类，对这些类别分析、考察，发现其隐蔽的联系，把握各个类别的特征。

一、分类的适应对象

分类是一种具有普遍意义的划分方法。从物质（事物）领域角度研究，分类不仅适应于各种客体对象，而且适应于对事物各种关系、属性和过程的分析与研究。

分类的理想条件是，事物之间关系明确，属性分明，功能清晰，用途明晰，分类对象单纯、稳定；或者我们的研究比较充分时，我们能够对事物提出科学的分类标准，进行逻辑学所强调的那种严格的完全分类，不会出现类属关系的混乱。

但是，有时候，我们对某一类事物还不能全面详尽地了解，或者由于事物自身的复杂性和多样性，我们难以对其做出全面、完整的分类，这时不必拘泥于逻辑学的分类形式，我们可以根据问题与目标，对事物进行不完全的、具有一定模糊性的分类。

二、分类的过程

分类的过程，是在对事物种类属性等多方面分析比较的基础上，根据一定标准对事物进行划分，将符合同一标准的事物聚类，不同的则分开，构成不同的类别。

基本步骤如下：

（1）比较：对事物进行比较分析，厘清要素、关系或过程；

（2）订标：按照事物的特征、属性、功能，或者关系、过程，确定分类根据，制订可供比较判断的分类标准；

（3）切分：依据标准，比较事物之间的差异性，将事物分成几个大的类别，再将各个类别中的具体事物分成若干层次；

（4）聚合：比较事物之间的相似性，将具有某些共同点或相似性的事物归属于同一类；

（5）理解：分析把握各类别与层次中事物的特征、属性、功能、关系等；

（6）使用：根据分类针对性制订应对措施。

分类过程是一个不断比较的过程，也是一个不断寻找差异，进行切分的过程，同时，也是一个不断追寻联系，聚合同类的过程；分类还是一个始终围绕目标，不断认识事物特性、探寻解决办法的过程。

联系是分类的基础，比较是分类的前提。任何分类总是建立在相应的对比关系的基础上的；总是以一定标准为依据的；总是瞄准分类对象的同一性与差异性，寻找客观存在着的联系与关系。

分类的关键是"分"和"连"。"分"是分辨、分开，"连"是建立联系，连接组合。在任何分类中总是一方面把属于不同类别的事物分离出来，另一方面又使具有相应共同属性，可以归属于同一类别的事物更紧密地联系起来，使"类"与"类"之间的关系更明晰地显现出来。分类不是否定和切断联系，而是要展现和揭示联系；分类要把联系作为依据和出发点，又把联系作为目标与归宿。或者说，"分"是为了"连"。

三、分类的标准

分类怎么切分？首先，应当建立一个可行的分类标准，比如，给出各个类别的具体定义，找到适当的判别方法和分类依据，然后依据标准进行切分。为了方便实施类别归属的判定，合理分类，保证分类标准统一，分类原则应当科学合理，分类后各类别之间的特点明显，同类之间联系明晰。

分类时如何切分？我们有意无意间会出现一个"画线"的过程。"画线"需明确"方向"和"长度"。这个方向指的是切分的角度、位置和范围，长度指的是切分的程度或尺度。这个方向和长度就是分类的标准。

分类标准如何确定？一方面，要全面审视分类对象，建立理解分类对象的"坐标"；另一方面，关键是要审视坐标系中的事物属性，捕捉事物中的某个特征，这个特征能够将符合该特征的事项与不符合该特征的事项区别开来。

在对象分类的语境下，类别的界定依据，即那些直接指导对象归属判断的标准，广泛涵盖了种类、性质、特征、层级以及功能等多个维度。这些标准具体而明确，为对象的分类提供了坚实的基石。

然而，当视线转向关系分类时，情况是复杂而微妙的。由于关系分类所依赖的属性往往更为抽象且难以直观把握，这些属性便较少直接充当判定关系归属的标尺。因此，在关系分类的实践中，我们往往需要依赖更为间接或综合的方法来确定关系的类别归属。

有时事物比较复杂，我们可以从不同的侧面、属性和联系着眼，可以从几个维度来确定分类标准，对同一事物做出几种不同形式的分类。这种性质叫作分类的多维性。相应的分类法有交叉分类法、树状分类法等。

知识链接：SOLO分类法

SOLO分类法是教育心理学家比格斯提出的用于评估学生回答问题时的思维结构层次。该方法将学习成果分为五个层次：前结构层次（混乱无序）、单点结构层次（单一思路）、多点结构层次（多个思路但缺乏整合）、关联结构层次（多个思路有机整合）以及抽象拓展结构层次（理论高度概括与深化）。这一框架帮助教师精准评估学生思维发展水平，并指导学生自我提升。

🔗 本章回顾

分解是思考之源，思维之火。我们将整体分解为部分、层次或方面，将复杂问题拆解为构成因素与作用关系，将过程划分为阶段、步骤与环节，这样才能精准捕捉问题本质。此过程以比较为前提，以分类为核心，是思维进一步分析与深化的必要条件。比较确定分解方向，分类整理部分特性；分解简化复杂问题，提供多样有效解决方案。因此，无论学习、工作还是生活，我们都应注重培养分解思维，提高分解能力和解决问题的效率。

第三章　分析技术

　　分析是思维的基础。分析技术通过将问题整体分解为各个组成部分或属性，进一步进行因素分析、构成分析和过程分析，以深入探究这些部分或属性的本质、相互关系及其在问题形成和解决过程中的作用，从而揭示问题的内在规律和找到解决问题的有效方法。

第一节　因素分析

　　事物总是由许多相互影响、彼此关联的各种成分、参数、变量、作用和倾向组成的，我们把这些影响事物本质的要素、成分及其作用、倾向统称为因素。在科学试验中，"因素"又称"因子"，它们是指影响事物结构变化、决定事物发展成败的原因或条件。

一、因素分析概述

　　"因素分析"就是对构成事物的成分、要素及变量、作用的分析，分析内容主要包括以下几个方面：

　　（1）成分分析：影响某一事物的因素有哪些？

　　（2）功能分析：影响的方向、程度如何？

　　（3）关系分析：各因素之间是如何相互作用的？

（4）问题分析：我们通过改变哪些重要的因素，能够改变事物特性?

因素分析法是一种分析问题和解决问题的方法，其中，成分分析是基础，关系分析是关键。

因素分析的实质是分析事物的普遍联系。只有把各个因素之间的相互依存、相互作用等关系弄清楚了，才能更好地理解整体和深度解析问题。

按照分类标准的不同，因素可以分为不同的类型：按照因素的来源可以分为内部因素和外部因素；按照影响的方向可以分为阻碍的因素和促进的因素；按照影响的程度可以分为重要因素、比较重要的因素和次要因素；按照影响的途径可以分为直接因素和间接因素；按照对因素进行改变的程度可以分为可以改变的因素、可以部分改变的因素和无法改变的因素。

如何进行因素分析呢?

不同的研究对象和不同的研究目的会导致因素分析的方法千差万别。一般来说，面对一个庞大的事物或复杂的问题，我们往往会从成分分析开始。首先，进行切割分解，将它分解成一个个小块，了解它的构成成分，然后撇开众多的次要因素，将那些起主导作用的因素抽取出来；其次，对这些主要因素的性质、功能进行研究，把握各因素的性质、特点；最后，对各因素之间的相互关系进行研究，找到各因素之间相互依存、相互制约的原因与规律，达成对事物整体的认识。

我们从思维训练的角度入手，重点探讨如何通过成分分析，了解事物成分和结构；然后通过对因素间的关系分析，了解事物的性质、功能与作用。

二、成分结构分析

任何事物都具有内在的形式结构、组成部分或属性。这些部分或属性在系统论中被称为构成系统的成分或要素，事物就是由这些成分或要素相互联系、相互作用而构成的有机统一体。在这些成分或要素中，究竟哪一个成分最重要，最关键，最有特色或最具决定性，事物本身并不会明确回答。根据研究的需要，我们可以从不同的角度研究客观对象的成分构成与结构形式，形成关于同一个事物的不同概念。

成分分析，作为一种深入剖析事物内在结构与特性的方法论，其精髓在于一系列有序而系统的步骤：辨对象、找要素、理关系、抓关键、明特征。

（一）辨对象

成分分析的第一步，是清晰地界定分析的对象，这要求我们具备敏锐的洞察力，能够准确识别出所要研究的主体或问题所在。无论是自然现象、社会现象，还是某个具体的组织、项目或产品，明确对象边界是后续分析得以顺利开展的前提。通过细致的观察与深入的思考，我们确保分析的对象具有明确的指向性和可操作性。

（二）找要素

成分是构成事物的各种不同物质或因素；要素是构成一个客观事物并维持其运动的最小单位，是构成事物必不可少的因素，又是组成系统的基本单元，是系统产生、变化、发展的动因。成分与要素在本质上有一定的相似之处，它们都用来表示构成事物的不同部分或因素。

在确定了分析对象之后，接下来的任务是全面而系统地寻找构成该对象的各个成分或要素。这些成分或要素可能是物质的、能量的、信息的，也可能是抽象的、概念的或逻辑的。通过分解与归纳的方法，我们将复杂的对象拆解为若干个相对简单且易于理解的组成部分。这一过程不仅有助于我们更深入地了解对象的内在结构，还为后续的深入分析奠定了基础。

（三）理关系

理关系，即对各要素之间的关系进行梳理与整合。在找到所有要素之后，我们应当进一步分析它们之间的相互作用、相互依存和相互制约的关系。这种关系可能表现为直接的因果链、复杂的网络结构，或是微妙的动态平衡。通过构建合理的模型或框架，我们将这些关系清晰地呈现出来，能够更直观地理解对象的整体运作机制。

（四）抓关键

在众多的要素与复杂的关系中，往往隐藏着决定对象性质与功能的关键因素。

抓关键，就是要识别出这些影响最大的要素或关系；需要我们具备高度的判断力和敏锐的直觉，能够从纷繁复杂的信息中抽取出最为核心的部分。一旦抓住了关键，我们就能够更加精准地制订策略、优化结构或改进流程，达到事半功倍的效果。

（五）明特征

成分分析的目标在于明确对象的特征。这些特征既包括对象的内在属性，如结构特点、功能特性等，也包括对象在特定环境下的表现，如行为模式、变化趋势等。通过综合分析对象的构成要素、成分关系及关键所在，我们能够更加全面地把握对象的本质特征。这些特征不仅为我们提供了深入理解对象的窗口，也为后续的决策与行动提供了有力的依据。

科学研究常常会用到成分分析的方法。例如：化学分析，通过对质量和容量的分析来测定物质的成分和性质。在现代汉语的句法结构中，类似的分析逻辑被应用于语言理解，通过划分句子的主要成分（主语、谓语、宾语）与次要成分（定语、状语、补语），帮助人们迅速把握句子的核心意义与结构脉络。

在课题研究与问题解决的过程中，成分分析同样展现出其独特的价值，通过系统地识别问题相关因素、明确事件中的主要参与对象、分析物体构成的关键成分，我们能够迅速锁定问题的核心矛盾，为问题的解决找到精准的切入点。在企业领域，战略型企业家通过对企业性质、企业家个性、发展阶段、资源状况及外部环境这五大关键要素的深入剖析，为企业量身定制发展战略。

综上所述，成分分析作为一种普遍适用的方法论，其精髓在于将复杂问题简单化、系统化，通过分类与解构，帮助我们更好地理解与把握事物的本质和规律。

三、关系分析

事物总是处于多个侧面、多种形态的联系与关系之中，这些联系包括相互连接、相互依赖、相互影响、相互作用、相互制约、相互转化等。对事物之间以及事物内部要素之间进行关系分析，具有重要的实践价值。

存在于整体的关系体系，实际上包含了大量的各种各样的因素，涉及纵横交织、盘根错节般的联系线条网络。一个因素往往受制于其他因素，随着这些因素的改变而改变；与此同时，一个因素几乎总是显示出多方面的作用效果，它的改变将导致众多因素的变化。这些问题所涉及的都是因素之间的依存关系。

对这些依从关系进行研究，又可以划分更多类别。例如：生物学家通过研究，发现了微生物与其他生物环境之间有五种典型关系：互生关系、共生关系、寄生关系、拮抗（阻抑）关系和捕食关系。

社会事物之间，各因素之间的关系更加复杂：有共生关系，各因素间共在、共享、共存；有伴生关系，该因素伴随某些因素的改变而改变；有竞生关系，诸因素间互相竞争，弱肉强食；有助生关系，有些因素促进效果的产生，有利于这些因素的壮大；有抑生关系，有的因素阻碍效果的形成，制约着它的增强。

从人的思维训练的角度看，事物之间多种多样相依为变的依存关系，分析起来，主要存在十种逻辑关系：总分关系、主次关系、并列关系、递进关系、点面关系、因果关系、虚实关系、定性与定量的关系、转折关系、对应关系。

（一）总分关系

即纲目关系，正所谓纲举目张。好比树的主干与枝丫的关系，主干统领枝丫，二者不能并列也不能颠倒。

（二）主次关系

即重点与一般的关系。二者没有隶属关系，但是在同一篇文章内，相互之间是有关联的，互相影响，互为补充。

（三）并列关系

相互之间不相隶属又相对独立的一种关系。例如：天时、地利、人和；人、财、物；物质文明、精神文明、政治文明、生态文明；经济建设、政治建设、文化建设、社会建设等。

（四）递进关系

即同一事物不同发展阶段的关系。时间上的递进：古代、近代、现代、当代；空间上的递进：国际、国内、本地；学习上的递进：武装头脑、指导实践、促进工作。需要注意的是，有些特殊的并列关系也需要讲求递进，比如，季节上的春夏秋冬，需要讲求顺序。

（五）点面关系

"面"是由众多"点"构成的，如果"点"与"面"存在内在联系，说明"面"的情况时可以采取以点带面的方法。

（六）因果关系

事物之间存在必然的客观的前因与后果关系。原因是引起某个事件的因素，是引起一定现象的现象，结果是指由于原因的作用，随后必然引起的现象。

（七）虚实关系

在写作过程中，可以采取以虚带实，虚实结合的写法。这里的虚不是虚假，而是灵魂、高度、理论支撑；实就是数据、案例、事实支撑。

（八）定性与定量的关系

事物的发展是量变到质变的过程。对一件事情的判断，定性的说服力总不如定量的大。从某种程度上来说，定性是一种大体判断，定量则是一种精确判断。能定量说明的应当定量说明，但也不能绝对，数字（定量）使用应当恰到好处，才会更有说服力。

（九）转折关系

事物之间存在着转折关系，即一方因素的变化导致另一方因素的变化。这种关系在文章中可以用来强调某个因素的重要性，或者突出某个因素的特殊性。

（十）对应关系

指一个事物与另一个事物之间存在的特定的联系或相互作用。这种联系可以是功能上的，如保温杯和其功能"保温"；也可以是原材料上的，如水泥与其用途"建造水泥路"；或者是职业内容的体现，如"教师"和其职责"讲课"。对应关系可以有多种形式，包括但不限于功能对应、原材料对应、地点对应、顺承对应（也称为时间顺承对应）、因果对应、目的对应，工具对应等。这些关系展示了事物的相互依赖性和逻辑顺序，有助于我们理解和解决相关问题。在描述两个或多个因素之间的关系时，可以使用对应关系的逻辑，即一个因素的变化与另一个因素的变化成比例或存在固定的关系。

四、因素分析的步骤

因素分析主要包括以下五个步骤：

（一）确定分析对象和讨论的范围

就像给一个迷路的人指路一样，先要问清楚他想要去的确切地点，才能正确地给他指路。因此，我们首先要从宏观视角审视整个系统，依据既定标准或基于深厚经验，对系统的总体目标、架构、功能及效用进行初步构想与假设。

其次，运用比较分析方法，将预设的分析对象与精心挑选的参照标准细致比对，在此过程中，巧妙剥离非核心要素，从而锁定核心研究对象。

最后，可以为研究对象下一个定义，将其视为一个亟待解析的系统或难题，深入剖析其本质属性——它究竟属于何种类型的系统？又面临着怎样的问题？在此基础上，进一步明晰该系统的内在区域、它所依存的外部环境，讨论议题的具体场景。

这个过程犹如为探索者绘制一幅详尽的地图，不仅标识了目标所在，还指引了前行的路径。确定了分析对象及范围，思维就有了相对明确的方向。

（二）分析对象的内部组成及其存在形式

明确研究对象及其范围以后，接下来应当分析满足和实现上面假设的具体条件，将对象解构，便于分析各要素及其关系。

一般做法是：先将对象分解成部分、层次；再把部分、层次进一步分解为细小成分；然后把相同、相似的成分分类组合，再进一步分析各个组成部分的成分，搞清楚每个组成部分是以什么样的形式存在的。

（三）分析对象的组成要素及相互关系

剖析对象的构成与相互关联，关键在于提炼关键成分或核心要素。每个成分都承载着特定角色，这些角色凝聚了部分的功能与特性，映射了其核心价值（结构、性质、状态、特点等）。面对纷繁复杂的细节，明智之举是聚焦于主要矛盾，精简次要、偶然的因素、作用与联系，提炼出少数几个关键要素，它们深刻揭示了事物的本质与内在联系。

此过程犹如烹饪中的食材精选与搭配。我们应当深入了解每种食材的特质、风味及效用，洞悉它们之间的相互作用，包括如何相互衬托或影响。通过比较这些影响的深远程度，我们剔除冗余，锁定核心，实现复杂性的有效降维。这样，我们便能在简化的框架内，多维度、分层次地精准分析，使问题处理更为高效且深入。

（四）给每个要素下定义并给予解释

每个要素都有各自的内涵和外延，要搞清楚各要素的内在属性，就要按一定的顺序依次代入各要素，确定各因素对分析对象的影响程度及作用方式。比较和确定各要素的轻重关系或权重之后，我们可以给它们下个定义，描述一下它们长什么样、有什么特点。这个步骤就像给人的五官三围做个描述，贴个标签让人一下子就能认出来。

在分析过程中，要素定义是否准确、解释是否恰当、分析者的经验等主观判断也会起到很大影响作用。在因素分析结果不明确的情况下更是如此。因素分析的过程实际上是验证前面提出假设的过程。

（五）整合视角，审视各要素在"职责"框架下的核心诉求

要素是构成事物的必要因素，它们如同构成一座大厦的砖石，是不可或缺的元素。完成对各要素及其关系的深入分析后，重点便转入对事物整体观的构建，即审视要素之间、要素与系统之间，以及要素与环境之间的动态联系与互动。这好比透视建筑的结构与运作原理后，最终要从系统高度把握事物的内在逻辑与功能实现。

我们采用要素分析法时，应当穿梭于整体与部分之间，既见树木又见森林。我们应当将整体作为分析要素的出发点和归宿，深入剖析各要素在整体中的角色和功能，结合场景、环境，明确讨论范围，理解它们如何共同构成一个有机的系统，洞察其协同机制，形成对整体的深刻理解。

同时，也不能一味只做抽象，只去看矛盾的普遍性而不看矛盾的特殊性。在此过程中，我们应当始终保持对整体和部分的辩证思考，明确讨论范围，避免过度抽象或忽视特殊矛盾。也就是说，我们不能忽视不同环境、不同角色下，各要素的具体诉求和功能。

在具体的思维实践中，要素分析法的应用策略可精练为：循序渐进（由简入繁）、灵活变换（要素改变与替代）、创意叠加（要素叠加）、动态追踪（要素变化）以及类比启发（要素类比）。这些策略旨在促进我们深入理解系统构成与运作，培养全面分析与解决问题的能力。

第二节　构成分析

我们想从根本上解决问题，应当将问题回归到与之相关的系统中去审视。系统是处于一定相互联系中的与环境发生关系的各组成成分的总体。系统概念实际包含了一系列的辩证统一关系：整体与部分、整体与结构、整体与层次、整体与环境等等。整体是由部分组成的，要想了解整体，就必须要了解其构成。

构成分析方法就是要求从系统出发，通过对组成系统的各个子系统、部分和基本单元进行分析，并对其相互关联、相互作用进行考察研究。这是认识系统整体的分析方法，也是以认识事物、解决问题为目的的思维方法。

构成分析的方法很多，主要包括层次分析、部分分析、方面分析三大方面。

一、层次分析

（一）什么是层次分析

任何系统都具有一定的结构，都是由若干次一级的系统组成的复杂整体。这些次一级的系统有各自的功能和角色，共同构成了更大系统的运行机制。层次性，作为客观世界的基本属性之一，在我们的研究、认识过程中起着至关重要的作用。

研究这种由高级到低级的系统关系，即层次分析，是对次级子系统的组成成分、内在结构及其相互联系的深入剖析。层次分析将客观事物作为一个系统，对系统内不同层次的存在及内在联系进行研究。运用层次思维，进行层次分析，这是由系统本身的层次性所决定的。

（二）层次分析的基本步骤

将系统分解为不同的层次结构，进行层次分析以便更全面地了解系统的结构和运行机制，这是系统分析中常用的一种方法。

层次分析通常包括以下几个步骤和方法技巧。

首先，划分层次。

我们应当明确系统的目标或主题，以此为基础划分大的层次，即将系统分解成若干子系统，使系统显示出一定的层次性。就像是一栋大楼，我们需要知道大楼的最终用途，根据这个目的来划分不同的楼层或空间。有时，一些大的层次（子系统或楼层）比较复杂，包含着更深一层的组织结构，我们需要将这些大层次再次分层，划分出若干小的层次，就像是将大楼分解成不同的房间和走廊，每个都有其特定的功能和结构。

其次，分析各层次的特点。

对各个层次的子系统深入分析，包括组成成分、内在结构及其相互联系，重点是从直接结构上分析二级层次子系统，包括各层次的性质、作用和制约关联等。要求我们深入每个楼层内部，了解其承重结构、采光通风等性能以及与其他楼层的直接关系。

最后，分析层次之间的关系。

我们应当关注各个层次之间的相互影响和作用以及它们与系统整体的关系，包括认识各子系统在整体中所处的地位与作用、了解系统内部结构、把握系统整体属性、揭示演变发展的规律。就像是从一个楼层的窗户望向另一个楼层，要求我们从大楼的整体视角出发，理解它们之间的联系和影响，理解各个楼层如何共同构建整个大楼，如何随着时间演变而变化。

层次分析法是一种非常有用的工具，可以将复杂的决策问题分解为多个层次。这种方法特别适用于那些难以直接准确计量的决策问题。

在教育领域中，教师综合测评是一个很好的应用案例。我们可以根据教师培训的性质和要达到的总目标，将测评问题分为三个层次：目标层（总体目标）、准则层（评价标准，即影响决策目标的各种因素或条件，一种因素就是一个准则）、对象层（教师个体，供决策的方案、措施等）。通过层次分析法，我们可以清晰地看到各个准则对目标的影响，以及不同教师个体在各个准则下的表现。

（三）层次分析的方法与技巧

层次分析要求我们明确目标、深入分析、关注联系、从整体出发，并灵活运用各种方法。

我们可以通过一些技巧提高分析的效率和准确性。例如：我们可以使用树状图或网络图等工具，清晰地展示系统的层次结构；可以利用归纳和演绎的方法，通过对个别案例的分析来理解整体的运行规律；可以借助专家意见和数据分析等方法，从多个角度验证我们的分析结果。

在分析事物或问题时，人们常常会使用一些典型的层次模型。例如：

组织结构通常分为高层管理、中层管理和基层执行三个层次；

决策过程通常分为目标层、准则层和方案层三个层次；

问题解决通常分为问题识别（状态分析）、问题定义（功能分析）、问题解决（措施分析）三个层次。

个人发展可以分为自我认知、目标设定和行动计划与执行三个层次。

在面对复杂问题时，多层次思维模型成为一种强大的分析工具。这一模型将问题分解为不同的层次，帮助人们更系统地理解和解决挑战。

以下是一些关键的思维层次及其应用：

1. 逻辑思维层次

基础逻辑层：识别问题中的基本事实，进行简单的逻辑推理。

中级逻辑层：运用假设推理、归纳推理等更复杂结构深入分析。

高级逻辑层：在复杂情境下，构建多层次逻辑框架，进行系统性思考和决策。

2. 创新思维层次

灵感启发层：通过广泛阅读、观察等方式激发新想法和创意。

概念验证层：评估新想法的可行性和价值，排除不切实际的创意。

实施优化层：将创意转化为实施方案，并不断迭代优化，确保创新成果落地。

3. 批判性思维层次

信息筛选层：准确识别并筛选出有价值、可靠的信息。

观点评估层：客观评估观点和信息，分析其背后的逻辑和证据。

独立判断层：基于全面信息收集和观点评估，形成独立见解和判断。

4. 系统思维层次

局部认知层：深入了解系统的各个组成部分。

整体关联层：理解系统内部各部分的相互关系和作用机制。

动态优化层：根据环境变化及时调整系统结构和功能，确保系统持续优化。

5. 情感智能思维层次

自我认知层：了解自己的情感状态、需求和价值观。

同理心层：站在他人角度思考问题，理解他人情感和需求。

情感管理层：有效管理自己的情感反应，以积极态度面对挑战，并引导他人处理情感。

层次分析法是将与决策有关的复杂问题中的各种因素划分为相互联系的目标、准则、方案等层次，使之条理化，在此基础之上进行定性和定量分析。逐层比较多种关联因素，能帮助我们快速分析、决策、预测或控制失误。

在一般的层次分析中，分层主要是按照各组成单元的作用与机能，或者按照它们之间的不同联系形态和紧密程度，或者按照它们在整个系统中所处的地位等，在一个系统中区分出各个子系统。

层次分析时，我们应当始终坚持从联系出发，从系统整体着眼的原则。就像考察一个房间时，不能只关注这个房间本身，还要考虑它与其他房间、走廊、楼梯等之间的关系。对一个子系统进行考察研究，应当始终关注它在整个系统中所处的地位、所起的作用，弄清它同其他子系统之间，以及与所处的外界环境之间的多种联系、作用与制约关系。同时，还应当对这些联系、作用与制约关系作进一步的动态分析，考察它们随某些因素和外界环境的改变而发生的变化。

二、部分分析

（一）如何理解部分和整体

整体与部分的关系，是我们理解世界的重要视角。整体由部分组成，且整体大于各部分的总和，表明事物是相互关联、相互影响的。同时，部分也能展现出整体所不具备的属性，拥有其独特的价值和意义。因此，所有（事物）客体都呈现出无限复杂、不可穷尽的特性。

从定义上看，整体是由多个部分组成的，这些部分在整体中相互影响、相互作用，共同决定了整体的性质和行为。部分是整体中的个别元素（因素），占据一定位置，并与其他部分产生互动。

整体并非各部分的简单相加。就像机器一样，各个零件虽有特定功能，组合在一起时，能共同完成特定任务，产生超出各部分总和的效果。因为整体具有新的性质和功能，这是由部分间的相互作用和影响所产生的，即"整体大于它的各部分的总和"。

同时，部分也并非整体的简单表现（展示）。每个部分都有其独特的属性和特性；这些属性可能是整体所不具备的。例如，个人在特定环境下可能表现出比集体更复杂的行为。因为部分不仅具有自身特性，还可能受到环境和其他部分的影响，产生出人意料的属性（功能）。

这些关系特性提醒我们，所有客体（事物）都是无限复杂、不可穷尽的。每个客体都有其独特的属性和特性，同时受到其他客体的影响和作用。就像一只蝴蝶在草丛中翩翩起舞，它不仅是蝴蝶本身，也是整个生态环境的一部分。

（二）何时需要部分分析

我们探索复杂世界时，常被看似无关的元素所困扰。这些元素虽零散，但共同构成生活（事物）整体。所以了解整体，必先知其部分。

部分分析是一种系统方法。我们可按实体性连接和位置关系，将一个系统区分为多个组成部分，通过对这些组成部分进行分析研究，达到对整体的认识。

与层次分析相比，部分分析主要关注实体的连接和位置关系，侧重分析系统的静态属性；而层次分析更注重单元的作用与机能，关注系统的动态属性和变化过程。两者都能将系统区分为多个子系统或组成部分，但应用场景和侧重点不同。例如，对人体，可以进行部分分析，将人体划分为头部、躯干、四肢等几个主要部分，也可以进行层次分析，将人体从微观到宏观划分为细胞、组织、器官、系统和整体等多个层次。

（三）如何进行部分分析

进行部分分析，首先，应当理解构成元素及其功能，明确部分是由哪些元素构成，分析这些元素在整体中的角色和功能；其次，要深入分析部分之间的关系，认识部分的多样性和复杂性，探究它们如何相互作用并影响整体；再次，分析部分之间的关系，要深入研究不同部分在整体中的相互作用，探究这些相互作用对整体的影响，及时采取措施调整以适应部分的变化；最后，总结部分之间的联系与规律，通过分析部分关系，发现隐藏的规律和模式，达到更好地理解整体并为未来决策提供依据。

总之，进行部分分析时，我们应当全面考虑构成元素、功能、关系、变化和规律等方面，深入理解部分，更好地把握整体并做出明智的决策。

（四）部分分析的关键是对整体进行恰当划分

部分分析的关键在于对整体进行恰当划分。以下是达到目标的关键步骤：

1. 明确目标与范围

弄清问题求解或产品设计的实际需要。考虑限制因素，如时间、资源、技术等。

2. 分析整体结构与特征

使用思维导图或流程图等工具抓住整体特点，分析整体的结构。考虑整体中各元素之间的关系，找到最合适的划分方式。

3. 选择恰当的划分方式

根据功能、时间、空间、人员等因素进行划分。例如：进行产品设计时可按功能来划分部分。

4. 进行详细的部分分析

分析每个部分的特性、功能、与其他部分的联系。识别可能存在的问题和风险，提前采取措施进行预防或解决。

5. 优化部分达成整体优化

根据整体目标和要求对部分进行调整和改进。使各部分更好地协同工作，达成整体优化。

6. 保持灵活性和创新性

及时调整不适合的划分方式。探索未知领域，寻找更有效的划分方式。

（五）如何见微知著，由部分推断整体

当我们观察和理解一个整体时，首先触及的是它的各个部分。这些部分在构成过程中起着关键作用，体现、反映或蕴含整体的信息。要见微知著，由部分推断整体，一般遵循以下步骤：

1. 观察和分析

观察各个部分，理解它们的功能和特点。分析它们在整体中的关系

和作用。

2. 建立联系

在观察和分析的基础上，建立部分与整体之间的联系。这种联系可以是显而易见的，也可以是隐含的。寻找这种联系，可以更好地理解部分在整体中的作用。建立联系快速有效的办法是逻辑推理：通过由部分推断得到的信息，进行逻辑推理，进一步理解整体的结构和运行机制。

3. 推断趋势

通过分析部分的发展趋势，推断出部分在整体中的发展趋势，对整体的未来作出预测。

4. 整合部分

将各个部分整合起来，形成一个有机的整体，发挥出整体的优势。这是从微小之处洞察大千世界的关键。

我们应当学会从细节中发现问题的本质；应当善于归纳总结，从个别现象中发现普遍规律；应当敢于质疑，勇于挑战已有的观点和想法。只有这样，我们才能真正做到见微知著，以小见大。

随着环境和条件的变化，部分可能会发生变化。我们需要保持对新的部分和信息的关注，并持续学习新的知识和技能。

应当注意，由部分来推断和认识整体的方法带有明显的局限性，有可能出现一叶障目、以偏概全的片面性。对此，我们应当有所警觉，注意防范，尽可能同其他方法配合使用。

三、方面分析

（一）如何理解方面分析

事物是由许多部分组成的整体。然而，这个整体并非各个部分的简单集合，而是通过某种方式结合在一起，形成一个有机的整体。事物各因素结合在一起的某种方式就叫某一"方面"，多种方式就是多个方面。

方面是事物中那些在功能、目的或其他属性上有共同点的部分，通过特定的方式结合在一起。它并非各个部分的简单堆砌，而是通过某种形式的整合，形成一个有机的整体。整体在功能上超越了各个部分的简单总和，具有新的、独特的性质和属性。

例如：一个乐队的演奏就是一个有机的整体，由各种乐器和演奏技巧组成。每个乐器和技巧都是独立的部分，通过音乐家的协调和整合，它们结合在一起，形成一个有机的整体。乐队的演奏是为了特定的目的和目标，即创造出美妙的音乐和情感体验。这个目的是乐队演奏的一个重要方面。除此之外，影响乐队演奏的方面还有很多，如演奏的乐曲好坏，演奏成员的水平高低，听众的欣赏水平，等等。同时，乐队的演奏也受到天气、场地、观众情绪等因素的影响，这些因素也是乐队演奏的重要方面。因此，乐队的演奏是一个由多个方面组成的有机整体，每个方面都对整体的功能和效果产生影响。

同理，一个企业的成功也并非简单的各个部分的简单集合，而是通过企业文化的塑造、战略目标的制订、团队的建设、市场营销等多个方面的结合，形成一个有机的整体。整体不仅能够实现企业的经济目标，还能够提升企业的社会形象和品牌价值。

艺术作品、科学发现、社会活动等各种领域中的事物都是如此。每个部分有其独特的价值和意义，只有在特定的方式下结合在一起，形成一个有机的整体，才能发挥出其真正的功能和效果。

所以，当我们面对一个事物时，不仅要关注其各个部分，还要思考它们是如何结合在一起的，形成了一个怎样的整体。这个整体具有哪些新的、独特的性质和属性？它与其他事物相比有哪些不同？它为什么会以这种方式存在？我们应当善于发现事物的方方面面，理解它们之间的联系和相互作用，更好地认识事物，发掘其潜在的价值和意义。

（二）方面与部分的区别

方面是组成事物的某种方式，而部分是构成整体的基本单元。

在大多数情况下，部分是可见的、可感知的实体或单元。它们是整体的一部分，通常可以被独立地识别和分离出来。例如：乐队的各个成员就是乐队的组成部分。

方面与部分的区别主要有以下四点：

（1）整合性：部分通常是独立存在的，方面是通过某种方式（如功能、目的或其他属性）有机地结合在一起；

（2）功能性：部分的功能通常是在整体中单独发挥作用，方面的功能超越了各个部分的简单总和，具有独特的性质和属性；

（3）重要性：在某些情况下，方面对于事物的整体功能可能具有至关重要的作用，部分是相对次要的；

（4）视角：理解方面通常需要从整体的角度出发，理解部分通常需要从局部的角度出发。

方面与部分虽然不同，但在许多情况下又是相互关联的。理解它们的区别和联系对于我们更好地理解和应对复杂的事物非常重要。

（三）如何进行方面分析

方面分析是一种逻辑分析方法，是对问题或目标的相关方面进行分解，深入理解各方面的要求、约束和潜在风险，制订更为精准的解决方案。它的重要性在于，能够使我们更加全面、深入地理解问题，提高决策的准确性和有效性。

进行各方面分析时，我们应当关注所有的关键因素，并深入探究它们的细节，以确保我们全面了解情况。

方面分析的步骤与方法如下：

1. 分析需求，确定方面

其一，明确分析目标是非常重要的，比如：要解决什么问题，或者希望通过分析获得什么信息。只有清晰的目标才能使分析有方向，从而聚焦重点，少走弯路。其二，要明确分析的对象及其相关方面。对每个方面进行深入理解，了解其具体要求，例如：时间、成本、质量、人员等。这有助于我们为每个方面制订相应的解决方案。可以列出所有的关键因素，为后续的分析提供基础。

2. 收集数据，筛选关键方面

收集适当的数据是全面分析的关键。我们应当收集和分析与目标相关的数据，包括定量数据和定性数据。定量数据通常包括数字和统计信息，定性数据主要包括描述性和主观评价。收集数据时，要确保数据的准确性和可靠性。

在收集足够数据后，我们应当筛选出关键的方面进行分析。关键方面通常是我们希望解决的主要问题或想了解的关键信息。我们可能需要考虑很多方面，但只有聚焦关键方面，分析才能更有成效。

3. 进行深入的分析

我们确定了关键方面后，应当深入分析每个方面。可能涉及比较和对比不同的数据，进行趋势分析，探究因果关系，以及与其他方面的联系。进行深入分析时，要注意使用各种方法获取多角度的信息，更全面地了解情况。同时，要分析各方面的约束，了解各方的限制和约束条件，例如：资源、技术、政策等，在解决方案中应当考虑这些因素。包括分析各方面的风险，识别潜在的风险和挑战，并评估其对解决方案的影响。

4. 形成结论，提出建议

完成深入分析后，我们应当基于发现形成结论。结论应当是基于事实和数据，能够回答分析目标的。如果我们的结论是基于主观意见或偏见，可能需要进一步收集数据或考虑其他观点。同时，我们的结论应当清晰、简洁且具有说服力，他人能够理解和接受。

最后，根据我们的分析结果，提出具体的建议。这些建议应该基于我们的发现和结论，能够解决最初的问题或提供有用的信息。提出建议时，要确保它们具有可行性，应当考虑可能的实施障碍和潜在的风险。

总之，全面的方面分析应当明确目标、收集数据、筛选关键方面、深入分析、形成结论并提出建议。进行方面分析时，我们应当保持系统思维，不能只关注某个单一方面，忽略了其他重要因素；在制订和实施解决方案的过程中，应当与相关方保持充分沟通，确保各方理解并接受解决方案；面对变化和不确定性，应当有灵活的应变能力，根据实际情况及时调整解决方案。

第三节　过程分析

在工作生活的广阔舞台上，我们经常遇到一个神奇又神秘的现象，即"过程"。我们赞叹日出日落的变幻，欣赏四季更迭的神奇，沉浸于生命成长的历程，感受着世界的变化和成长。在此过程中，我们感受到了时间的流转，体验到了动态系统的相互作用和彼此制约的关联方式，理解它们的状态之间相依为变的秩序关系。这就是过程的力量，它揭示了世界的奥秘，赋予了我们生活的意义和魅力。

我们接受教育与成长发展的历程，如同宇宙的演化一般，是由无数个相互关联、彼此接续和转化的具体过程组成的，充满了挑战与机遇、探索与发现。

各种过程在空间的展布上，即在同时展现出来的各个过程的相互关联上表现出非均衡、多层次（多级别）的结构形态。比如：我们的成长过程，成长的地域、环境等与周围的人、事、物紧密相连，在空间的延展上具有特定的结构。它可能是一个充满温馨的家庭，也可能是一个充满活力的学校，抑或是社会的大熔炉。每一个地域都有其独特的文化氛围，每一个环境都有其特有的教育方式，每一次的学习、每一次的尝试、每一次的失败，都会对我们的成长产生深远的影响，它们共同塑造了我们的性格和价值观，让我们的成长发展过程变得更加丰富和多元。

成长发展的时间结构同样引人入胜。我们的成长发展过程并非以均匀、平稳的形态始终如一地进行下去。它有快有慢，有加速有阻塞，这就是生命的节奏和韵律。有时候，我们会遇到困难和挫折，可能会停滞不前，甚至想要放弃。正是这些挑战和困难，让我们更加明白自己的方向和目标，让我们更加坚定地走向成长发展。因此，在时间的推移与延续上，成长发展的过程同样显现出特定的结构。

其实，不止成长发展的过程如此，其他各种过程也是如此：一方面在空间的延展上具有特定的结构，包括成长的地域、环境等；另一方面在时间的推移和延续上表现出非均衡、多层次的结构形态。

一、如何理解过程

"过程"是一个表示事物发展变化或事情依序进行中的时间和顺序的概念。

一个过程可以划分为若干阶段。

阶段是整个过程中按照时间顺序或逻辑顺序划分出的具有相对独立性和完整性的部分。每个阶段都有其特定的目标和任务，是构成整个过程的宏观框架。阶段由步骤或环节组成。

步骤与环节是在每个阶段内部，为了完成该阶段的任务而进一步细分出的具体执行单元。步骤和环节之间往往存在先后顺序和因果关系，即一个步骤或环节的完成是下一个步骤或环节开始的前提。

环节是阶段或步骤内的组成部分。环节的执行伴随着系统或对象状态的变化，变化状态的实现依赖于特定的动作方式。

状态变化是环节执行效果的具体体现，也是推动过程向前发展的关键因素。

动作方式是环节中为了实现状态转换或完成特定任务而采取的具体操作或手段。动作方式的选择和实施直接决定了环节的执行效果和效率。

因此，阶段、步骤、环节、变化状态和动作方式，这些都是构成整个过程的基本内容。

理解和描述"过程"时，应当考虑以下几个方面：

（一）历时性

一般来说，过程最重要的内涵是事物在时间上的展开与延续，包括事物发展的进程、人生的际遇与经历等历时状态，我们常常称之为"历程"，表示事情进行或事物发展自始至终的经过。

发展历程强调的是事物发展的过程和时间序列上的变化，它描述了事物从发展的起点到发展的终点的整个演变过程。

过程的时间性是指事物在发展过程中所经历的时间长度和时间的推移。理解过程的时间性可以帮助我们更好地认识事物的演变规律，把握事物发展的节奏和趋势，作出更合理的决策和规划。

过程的时间性也涉及过程的周期性。有些过程需要经历漫长的周期才能完成，例如：生物的生长、地球的演变等等。

过程有时也表现为事物的运转状态、动作方式、行动轨迹等变化特点，我们可以称之为"进程"，表示事物的进展、变化或运动。

（二）阶段性

无论是自然界的微妙变化，还是人类社会的宏伟进程，都遵循着一个共同的规律——阶段性发展。任何过程都被视为一系列的阶段。每个阶段都有其特定的开始和结束时间，以及相应的变化或发展，既承载着过往的积累，又预示着未来的方向。这就是事物的阶段性。

例如：工厂的生产线上产品的制造，这个过程可以被划分为原材料的获取、加工、组装、测试和包装等阶段，每个阶段都有其特定的任务和目标，相互关联，形成整个生产过程。

深入剖析事物的每个阶段，我们会发现其中蕴含着更为复杂的环节与步骤。在一个大的过程中往往包含着彼此衔接的小阶段，各阶段中往往又包含着一系列环节和步骤，与多层次的系统组合。例如：产品加工阶段，这个阶段可以细分为切削、打磨、喷涂等环节，每个环节又包含了一系列具体的操作步骤。这些环节和步骤的执行，决定了产品的质量和生产效率。

正是这些阶段的积累与转化，推动了事物从稚嫩走向成熟，从简单迈向复杂。每个阶段的开始与结束，都是对过去的总结与对未来的展望。它们不仅记录了事物发展的轨迹，更揭示了其内在的逻辑与规律。

因此，把握事物的阶段性特征是理解事物发展过程的关键，对于我们预测其未来趋势具有重要意义。

（三）顺序性

过程一般按照一定的顺序发生，从一个阶段发展到下一个阶段，从一个状态过渡到另一个状态。这些阶段之间存在着明显的序次关系，即一个阶段的发展通常需要建立在先前阶段的基础之上，我们也可把它称为"进程"。

顺序性，是事物发展的内在逻辑，包括事物在关系上的互动影响与变化秩序，包括人与物的相互作用、彼此制约的变化规律，或者事物之间相依为变、依次变化的秩序关系等。顺序性是自然界与社会生活中普遍存在的原则，它引导着一切事物按照既定的秩序与规律演进。

"历程"大多是已然的历时状态，注重事物发展的静态特征，强调过程中的离散性和变化路径。"进程"更多指应然的秩序关系状态，关注的是事物发展方向和发展过程中的变化趋势，它描述的是事物从起始状态到目标状态的演变过程，强调过程中的连续性和推动力量。

（四）变化性

过程通常伴随着事物的变化而变化，包括形态、性质、数量、位置等方面的变化或发展。这种变化可能是渐进的，也可能是剧烈的，甚至可能是颠覆性的。因此，过程不仅描述事物发展或变化的状态，也描述事物如何变化的动态。

过程是丰富多彩的，它包含了无数的细节和细节之间的联系。从微小的细胞到浩瀚的宇宙，从人类的情感到自然事物的律动，都有过程的影子。

在过程中，事物会与其他事物发生相互作用和影响，这些关系会影响过程的进展和结果。例如：过程常常随着空间的变化而变化。不同的过程所处的位置不同，环境不同，受到的制约因素也不同。理解过程的空间性可以帮助我们更好地认识事物的环境和背景，了解事物与其他事物之间的相互作用和影响，更好地把握事物的整体状况和发展趋势。

过程的变化是有规律的，这个规律就是一些动态系统之间的相互作用，以及彼此制约的关联方式。在这个过程中，每一个因素都随着另一个或另一些因素的变化而变化，过程在这里就是一个前后相继的因果链条。

过程是动态世界的核心。进行过程分析，要用一种动态的视角，它让我们看到事物的演变规律，理解它们如何从一种状态转变为另一种状态。在这种分析中，时间的因素往往处于无关紧要的地位，因为重要的是事物变化过程的因果，是发展过程中所遵循的规律和规则，而不是变化本身所经历的时间。

二、阶段分析

过程分析主要就是从事物成长发展的时间推移、空间转换、因果变化等结构着眼，将一个过程分解为各个组成阶段、环节和步骤，通过对这些阶段、环节和步骤的分析研究，达到对整个过程的认识。

阶段，一般指事情变化发展的不同时期，或某个特定时间点。理解阶段时，可以从事情的整体发展考虑，关注其各个时期的特点以及转折点，同时结合其具体的发展趋势，进行深入分析和推断。

阶段分析是对过程进行分解，将其视为一系列有序的步骤、环节、时期、层级、进程、模块或状态。每个阶段都有其特定的目标和任务。通过对这些阶段的深入研究，我们能够更好地理解过程中的变化和发展。

（一）将过程划分为不同阶段

过程分析，划分阶段是关键的一步。

阶段分析是一种系统而深入的剖析方法，它依据过程自身发展的逻辑顺序或关键要素的差异化特征，将整个被考察的流程精心划分为多个紧密相连、各具特色的阶段。过程不仅揭示了各阶段之间承前启后、依次递进的内在联系，同时，深入剖析了它们之间如何通过有序的衔接、平滑的过渡以及深刻的转化相互关联，并探究了驱动这些变化的主要动因。

划分阶段首先需要有个标准。这个标准可以根据研究对象、研究目标和研究条件三个方面来制订。研究对象的性质特点和进展情况不同，研究问题的需求和追求目标不同，问题解决的资源条件不同，划分标准将随之进行调整。关键在于要有明确性和可管理性。我们需要考虑任务的性质、规模和复杂性，以及我们的资源和时间限制。

以下内容可作为划分阶段的参考依据：

1. 按事物发展的本质属性划分

事物的本质属性是其发展的基础。这些属性包括但不限于物质属性、功能属性、价值属性和社会属性等。在分析事物的发展过程中，我们需要关注这些属性的变化，更好地把握事物的发展方向。当这些本质属性发生变化时，我们就需要将过程划分为一个新的阶段。

我们需要对不同的属性进行分类和识别，更好地理解和把握事物的发展方向。要关注以下四种重要的属性：

一是物质属性。我们可以将其视为静态的、稳定的属性，一般不会发生太大的变化。以产品创新为例，针对物质属性的变化，我们可以将过程划分为产品开发、生产制造和市场销售等阶段。

二是功能属性。功能属性与物质属性紧密相关，它可能会随着技术的进步、市场的变化等因素而发生变化。针对功能属性的变化，我们可以将过程划分为研发、测试、上线等阶段，根据用户需求和技术发展调整过程中的各项任务和流程。

三是价值属性。价值属性更注重利益和效用，当用户需求、市场需求发生变化时，价值属性也会随之变化。针对价值属性的变化，我们可以通过市场调研、用户反馈等方式评估过程的优劣和潜在机会，及时调整过程的策略和目标。

四是社会属性。社会属性涉及更广泛的社会因素，如法律法规、文化背景、公众期望等，它可能会随着社会环境的变化而发生改变。针对社会属性的变化，我们可以将过程划分为合规性审查、公众反馈等阶段，根据法律法规和文化背景调整过程中的各项任务和期望。

通过这样的划分和调整，我们可以更好地把握事物的发展方向，更好地应对复杂多变的动态系统环境。

把握了不同属性的变化规律后，我们可以根据这些属性变化调整我们的过程。当功能属性发生变化时，我们可能需要改变过程的方式；当价值属性发生变化时，我们可能需要重新评估过程的优先级；当社会属性发生变化时，我们可能需要调整过程的目标和期望。同时，我们还应当考虑如何将过程划分为不同阶段，更好地应对变化和挑战。

2. 按过程的基本特征划分

世间万物皆有其独特的发展过程，世界（事物）是由各种复杂的自然规律和社会现象所构成的复杂系统。它们通过特定的阶段，不断变化和成长，形成了我们所熟知的世界。那么，事物发展过程的基本特征有哪些呢？我们又如何按照这些特征将过程划分为哪些阶段呢？

事物发展过程的首要特征是变化。无论是自然界中的生物，还是人造物，都在不断地变化中。这种变化可能是微小的，也可能是显著的，都是事物发展的必然过程。从微观角度看，分子、原子等微观粒子的运动构成了物质的变化；从宏观角度看，宇宙星系的演化、生物的进化和社会的进步发展都是变化的表现。

在事物的发展过程中，成长与衰退是两个重要的阶段。在成长阶段，事物通常会经历快速的发展和变化，不断扩大其影响力；在衰退阶段，事物可能逐渐走向衰落，甚至消亡。无论是生物的生命周期，还是企业的成长曲线，都是如此。因此，我们对事物成长与衰退的预见和把握，在帮助我们作出决策上具有重要的意义。

其一，根据变化性，我们可以识别出事物的初始阶段、发展阶段、成熟阶段和衰退阶段；其二，根据阶段性，我们可以将事物的发展过程进一步划分为不同的子阶段，更好地理解和控制其发展过程。

按照事物演变和系统运转的基本特征，可划分为以下几个具体阶段：

第一阶段，初始阶段，从萌芽到初现，事物处于萌芽状态，并未成形。在这个阶段，系统刚刚启动，处于一个相对混沌和未知的状态，却开始显露出一些独特的特点，包括强大的生命力，强烈的好奇心、敏感性以及很强的适应性，等等。

第二阶段，稳定和成熟阶段，初步发展和壮大。在这个阶段，事物开始形成自己独特的特点和风格，并逐渐稳定下来。事物的结构和功能开始变得更为复杂和精细。它们逐渐形成了一套相对稳定和完整的系统，能够更好地应对各种环境和挑战。事物的特点变得更加鲜明和独特。它们已经形成了自己的文化、价值观和信仰体系，并在这个基础上形成了自己的社会结构和制度。事物也开始与其他事物建立联系和互动，根据实际运行情况调整自身的运作方式，以适应不断变化的环境，并在这种互动中逐渐形成自己的优势和劣势。例如：一个组织，成熟和稳定通常意味着它们能够应对各种环境变化和挑战。不断调整和优化自己的结构和功能，保持长期的生存和发展，意味着它们更加注重内在的发展和完善。

第三阶段，重新调整阶段。当环境发生重大变化时，系统可能需要进入重新调整阶段。在这个阶段，系统需要重新评估自身的运作方式，更好适应新的环境。可能涉及对系统内部结构的重大调整，对新规则和新策略的制订。

第四阶段，创新发展阶段。当环境的变化达到一定的阈值，系统将进入创新发展阶段。在这个阶段，系统已经完全适应了新的环境，并且能够根据环境的变化进行自我调整和创新。系统的动作方式也变得更加灵活和多样化，能够应对更为复杂和多变的动态环境。

最后，根据成长与衰退的特征，我们可以预测并制订相应的策略，更好应对事物可能出现的衰退。

总之，事物的基本特征是阶段划分的重要依据。这些特征可能包括形状、颜色、结构、功能、材料、精度等。当我们观察到这些特征发生了变化，就意味着我们进入了一个新的阶段。例如：一台机器从初始的设计阶段到生产阶段，再到投入使用的阶段，其基本特征如形状、精度、功能等都会发生变化。

当然，我们也可以依据过程的其他特征，将过程分为其他不同的阶段。

按照运动的方向，把按事物发展变化过程划分为由无序走向有序、由简单过渡到复杂的"上升"阶段，维持现状的平衡或保持阶段，从有序到无序的下降或衰亡阶段。

依据速度变化，把事物发展划分为启动阶段、加速阶段、调整或减速阶段。

依据工作流程，把问题研究划分为问题识别、问题定义与分析、解决方案设计、解决方案实施、效果评估与反馈这五个阶段。

依据生命的特征、属性和机能，把生命过程划分为孕育、出生、成长、繁殖、衰老、死亡六个基本阶段。

3. 按主要事物的质变划分

在某些情况下，我们可以通过观察主要事物的质变来划分过程阶段。例如：蚕的发育过程可以被划分为孵化、幼虫、蛹、成虫四个阶段。

当影响事件发展的主体发生显著变化时，我们可以根据过程中的主要角色及其本质属性和特征，将过程划分为不同的阶段。当新的技术或理念开始在市场上崭露头角，标志着新的商业模式的开始。

这些情况下，主要事物的质变不仅代表了新事物的出现，也预示着新阶段、新趋势的开始。因此，我们可以通过观察主要事物的变化来划分过程阶段，并预测未来的发展趋势。

这种分段方式的特点是依据出现具有新质特点的事物划分阶段。旧质的消亡意味着原有的发展阶段的结束，具有新质特点事物的出现标志着新阶段的开始。正如蒸汽机的发明标志着工业革命的开始一样，网络技术的崛起催生了电商模式与共享经济的革新。

一般来说，不同质的事物也具有不同的变化特性。在社会历史的分析中，朝代的更替、新技术的出现、生产方式的变化、标志性人物或事件的出现，往往会作为分段的标志。另外，经济周期的转变、社会思潮的变革、文化艺术的创新、科技进步的影响，甚至个人命运的转折，都可以作为事物发展阶段的新质特点的体现。这些新质特点的出现，往往预示着事物在原有基础上发生了根本性的改变，预示着新阶段的开始。

具体的划分标志和方法如下：

依据时间节点和环境的变化划分阶段。例如，新产品的研发过程可以划分为创意产生、概念验证、原型制作、试生产和批量生产等不同阶段。

依据生命周期划分阶段。例如：产品从开发、成长、成熟到衰退的过程。

依据关键事件或转折点划分阶段。例如：将新能源汽车发展划分为政策推动、技术突破、市场竞争加剧和消费者认知提升等关键阶段。

依据主要特征的变化划分阶段。例如：将智能手机发展划分为功能单一、功能丰富、智能化提升和形态变化的演变过程。

依据外部环境的影响划分阶段。例如：将电商发展划分为互联网普及、移动支付兴起、物流体系完善和政策支持等外部环境影响下的几个阶段。

依据物质和行为的变化划分阶段。事物的物理特性（例如，尺寸、形状、质量等）以及行为模式（例如：运动、反应、交互等）的变化，可以作为阶段划分的标志。例如：产品的设计、制造、使用和维修过程中，这些特性可能会发生显著的变化。

依据目标和挑战的变化划分阶段，例如：一个企业的市场拓展过程中，可能会经历从初步了解市场、制订营销策略、开展市场推广、扩大市场份额等不同阶段。

依据风险和机会的出现划分阶段。在事物的发展过程中，风险和机会的出现也是一个重要的标志。

4. 按系统相互作用的关联方式划分

过程"术语"还被广泛地用来表征一些动态系统之间的相互作用及彼此制约的关联方式，并非专指事物随时间而变化的形态和经历。这些关联方式多种多样，涉及物理学、化学、生物、经济、社会等多个领域。

在物理学领域，两个或多个动态系统可以通过力、能量、质量等因素产生相互作用。例如：行星之间的万有引力、热力学系统中的热交换等。这些相互作用会导致系统间的状态变化，例如：温度、压力等物理量的改变。因此，物理相互作用是动态系统之间最基本的关联方式之一。

在化学领域，动态系统之间的相互作用主要表现为化学反应。化学反应涉及分子之间的结合和分离，能够改变系统的组成和性质。例如：燃烧反应中的氧化还原反应、酸碱反应等。化学相互作用是生物系统和其他物质系统之间的重要关联方式，也是人类制造和使用化学品的基础。

在生物系统中，动态系统之间的相互作用表现为生命体的生长、发育、繁殖等活动。这些活动涉及基因、蛋白质、细胞等生物分子，以及环境因素。例如：植物的光合作用需要吸收二氧化碳和水，同时释放氧气；动物的消化系统需要吸收营养物质，同时排出废物。生物相互作用是地球生态系统的基础，也是人类健康和生存的重要保障。

在市场经济中，动态系统之间的相互作用表现为供需关系。生产者和消费者之间的商品交换，以及货币流通等因素，都会影响经济系统的运行。

在社会系统中，动态系统之间的相互作用表现为人与人之间的互动关系。社会规范、文化传统、价值观念等因素都会影响人们的互动方式，影响社会系统的稳定性和发展水平。

在考察这种表征关联方式的过程中，我们可以把关联方式作为标志，进行阶段划分。这种情况有时会撇开时间因素，强调的是因素之间相依为变的关系以及因素变化范围、形态特征。任何因素的变化都是在时间中发生的，但是在这个时候，我们所真正关心的只是一个因素如何随另一个或另一些因素的变化而变化。例如：在一个人的成长发展过程中，我们常常重点关注影响成长发展的关键人物。不同阶段的贵人，例如：父母、师长、朋友等。影响成长发展的关键事件，例如：某次活动、某次比赛、某次教训等。这些变化所经历的时间本身则往往处于无关紧要的地位。

划分过程的不同阶段，通常需要依据一些关键的转折点、重要事件或者某种明显的模式。这些标志可能包括：

第一，转折点。在过程中，可能存在一些明显的转折点或者分水岭。例如：一个重要决策的作出，一个主要目标的实现，或者一个重大问题的解决等。这些转折点可以作为划分阶段的重要标志。

第二，模式变化。过程的演变通常会遵循一定的模式，如果一种模式发生了显著的变化，就可以视为一个阶段的结束和另一个阶段的开始。

第三，时间跨度。有时候，我们也可以根据时间跨度来划分过程阶段。例如：一个过程的前期、中期和后期。

5. 按系统相依为变的秩序关系划分

在纷繁复杂且不断变化的动态世界里，各组成部分间的相依关系并非一成不变，而是像一场精心编排的舞蹈，随着系统运转的节奏和步伐，它们之间的"牵手"与"放手"也随之灵活调整。这种变化，不仅是系统内部的自我调整，更像是多支舞蹈队伍间的默契配合，每个动作都遵循着既定的顺序与依赖法则。

想象一下，当你观看一场精彩的交响乐演出，每个乐器手都按照乐谱上的指示，时而独奏展现个性，时而合奏共创辉煌。系统也是如此，每个部分都遵循着自己的运行"乐谱"，在整个系统的乐章中，它们又必须紧密配合，根据整体旋律的变化调整自己的"演奏方式"。这种配合不是随意的，而是基于一种内在的逻辑和规律，达成整个系统和谐、高效地运转。配合与互动的顺序关系是动态系统间相依为变的关键。

因此，我们可以将动态系统之间相依为变的秩序关系过程划分为四个阶段：初始独立运行阶段、稳定互动阶段、协同配合阶段和规律认知阶段。每个阶段都反映了系统在不同环境下的运转状态和动作方式的变化。深入理解这些阶段，我们可以更好地应对复杂多变的动态系统环境。

6. 按问题解决的需求与资源限制划分

面对复杂多变的问题时，我们可以根据问题的需求与可用的资源限制精细划分解决问题的阶段，可以将大问题拆解成若干个逻辑清晰、相对独立的小阶段。每个阶段承载着明确的任务和目标。我们根据人力、物力、时间等资源的实际情况，合理分配各个阶段的任务，确保每个阶段都能在资源允许的范围内得到充分的关注和支持，避免出现资源浪费和效率低下的问题。

（二）阶段分析的方式

在组织重大活动，撰写活动方案时，或者开展课题研究，求解现实问题时，我们一般怎么做呢？有经验的组织者一般会进行阶段分析，先通过对条件和目标的分析，根据已有的知识和经验，将整个组织或求解过程区分为几个阶段，再为每个阶段都确定相应的具体目标，研究和解决这些与活动或问题密切相关的具体目标。通过完成各阶段的具体目标，逐步求得整个问题的解决。

阶段分析包括以下几个主要步骤：

1. 明确分析的目的和范围

阶段分析之前，首先应当明确分析的目的和范围。这是非常重要的一步，因为它能帮助我们聚焦问题，避免分析过程中的盲目性和偏差。我们应当思考的问题包括：我们为什么要进行阶段分析？我们应当分析哪些方面的阶段？这些阶段之间的关系是怎样的？当我们清楚地了解了这些问题，才能进行下一步的步骤。

2. 划分阶段

分析过程变化特点，根据上述原则和方法，比如：将过程划分为不同的阶段。按事物发展变化中呈现出的不同特征划分阶段，按照因素变化的范围和形态特征，前后相继的变换环节，按照过程在其中进行的系统本身的结构单元，区分相应的组成阶段。每个阶段应该有明确的开始和结束时间或标志，一个阶段的结束意味着另一个阶段的开始。

3. 收集和分析数据

在这个阶段，我们应当了解每个阶段的任务、要求和目标，收集和分析数据。我们需要仔细检查数据的准确性和完整性，确保分析结果是有意义的。在收集和分析数据的过程中，还要注意数据的保密性和安全性。

4. 深入的分析和理解

收集和分析数据之后，接下来可以进行深入的分析和理解，找出数据中的模式和趋势，理解各个阶段之间的关系和影响。需要思考的问题包括：各个阶段之间的联系是什么？这些阶段的发展趋势是怎样的？需要根据这些趋势制订什么样的策略和措施？深入理解了各个阶段之间的关系和影响，制订出更有效的策略和解决方案。

5. 评估效率和效果

通过数据分析等手段，评估每个阶段的效率和效果。根据评估结果，优化和调整过程，以确保达到更高的效率和效果。

6. 记录、分享和行动

将分析结果记录下来，并与相关人员分享，有利于他们了解过程的状况和可能的问题。根据分析结果，制订出具体的行动计划和实施策略。在实施策略的过程中，还要密切关注实施的效果，依据反馈及时调整计划和策略，确保计划的成功实施。

（三）阶段分析的意义

阶段分析是复杂工作不可或缺的环节，它深刻揭示了过程的内在逻辑与演进路径。

阶段分析简化了复杂过程，让我们能聚焦于主要矛盾与转折点，清晰把握整体脉络。它帮助我们预见挑战，提前布局，确保每个阶段都能稳步前行。

阶段分析优化了任务管理。将大任务拆解为若干小阶段，便于资源调配与时间规划，提升了执行效率与精确度，减少了不必要的重复劳动。

总之，阶段分析是提升工作效率、深化过程理解的关键工具，它要求我们以客观、全面的视角审视过程，确保每一步都稳健有力，推动整体向更高目标迈进。

三、步骤分析

一个过程往往包含多个不同的发展阶段，每个阶段中，发展的动力与历程一般由一系列环环相扣的链条在起作用。从人类实践的角度看，我们可以把这些链条理解为阶段中的步骤或环节。将一个阶段过程分解为若干个步骤，对每个步骤进行深入分析，是理解和掌握整个过程的关键。

步骤，是在执行某个操作或完成任务时的若干环节的小过程。一个步骤或环节的出现是建立在前一个步骤或环节发生作用的基础上，同时，也成为下一个步骤或环节出现的重要原因。

步骤分析，是将阶段过程中的每个步骤分解成更小的组成部分，对其进行深入的分析和理解。理解每个步骤的目的、要求、具体内容、操作方法、所需的资源和时间等细节，是至关重要的。这些细节构成了每个步骤的组成部分，也决定了步骤的实施效果。同时，我们还应当注意每个步骤之间的逻辑关系和先后顺序，探究每个步骤的基本特征、它们之间的相互关系以及与整个过程的关系，这是过程顺畅进行的必要条件。

（一）步骤分析的基本方式

步骤分析包括秩序分析、环节分析、链条分析、变化状态分析、动作方式分析等。

"步"字的字形是两只脚一前一后，本义就是行走，引申为跟随的意思；骤是马在奔驰。无论是人还是马，为了到达目的地，不管是慢走还是急驰，都必须一步一步进行，正所谓"不积跬步，无以至千里"。千里的过程总是由一次一次基础的步骤累积而成的。

例如：一段旅程，我们可以先将旅行划分为几个阶段，比如出发阶段、行进阶段、到达阶段等，再对每一阶段从以下五个方面进行步骤分析。

第一，分析旅程各阶段的步骤与秩序。如出发阶段，包含出门、上路、行进、歇息、再出发、到达等步骤。仅出门这一步，也有人总结出"身、手、钥、钱"四个检查的小步骤，即出门前要"四查"，一查是否带了身份证，二查是否带了手机，三查是否带了钥匙，四查是否带了钱包，以免造成不必要的麻烦。

第二，分析阶段过程中事物的变化状态与特征。在行进过程中，迈出初步后，接着有第二步、第三步以至无数步，这些步骤有很多是大同小异的，如果每个步骤都要逐一分析，必然很烦琐。可以从行进过程中的步伐状态或特征进行分析，如某一时段步伐轻盈，可能因为沿途风景美好；某一时段步伐迟疑，可以因为路线迷茫；某一时段步伐缓慢，可能因为过度劳累；某一时段步伐飞快，可能因为胜利在望。根据旅程中行进过程步伐的变化状态或行进特征进行分析，我们可以得到这段旅程的方向、速度及沿途情况等。特别是要考察旅程中的关键步伐，如初始步、转折步、迟疑步、冲刺步等。

第三，分析阶段过程中事物变化的相互关联的诸多环节。例如：一段行程中，从空间轨迹考察，要经过很多地方，比如先到哪里，再到哪里，在哪里歇息，在哪里中转等，沿途每一个重要的落脚点就是一个重要的环节。一路上会遇到很多人和事，可能有时独行，有时结伴，自己和每一个重要的同伴都是一个重要的环节。我们也可以从沿途所经历的重要的人和事，将这段旅程分解成若干步骤，更好认识或描述这段旅程。

第四，分析阶段过程中事物的动作方式和运行轨迹。例如：一段行程中，我们有时是徒步，有时是骑行，有时是开车，有时是乘船，等等。

第五，分析阶段过程中事物间的相互关系。例如：一段行程中，可以从互动关系入手，分析人与人的互动关系，人在不同地点和不同事件中的相互影响和进程调整。

（二）步骤分析的经典方法

1. 步骤分析的常用方法

时间顺序法：按照时间顺序将整个过程分解为若干个连续的步骤，明确每个步骤的开始时间和结束时间，以及每个步骤之间的先后顺序。

功能分析法：将整个过程或系统分解为若干个功能模块或子系统，对每个功能模块或子系统进行详细的步骤分析，探究其功能实现的具体过程。

流程图法：使用流程图将整个过程或系统的运行逻辑进行可视化，将每个步骤按照流程顺序连接起来，更好地理解和分析整个过程的运行情况。

鱼骨图法：将整个过程或问题分解为若干个关键因素，对每个因素进行深入的步骤分析，使用鱼骨图的方式呈现出各步骤之间的关系。

矩阵分析法：将整个过程或系统分解为若干个维度，对每个维度进行深入的步骤分析，使用矩阵表格的方式呈现出各步骤之间的关系。

2. 几种影响较大的步骤分析方法

（1）杜威的思维五步骤

美国实用主义教育家杜威在《我们怎样思维》一书中论述了思维的重要作用，提出了反省思维的五个步骤：

第一，发现问题。在一个可疑的情境中，发生困惑、迷乱，发现难以理解的情况，这是反省思维的起点，涉及发现事物的矛盾，产生认知的困惑感。

第二，明确问题。发现问题后，需要找出问题的症结所在，并对疑难进行定位和定义。

第三，提出假设。通过审慎的调查、考察、探究，提出各种解决问题的可行方案。

第四，根据假设进行推理。对每一种假设进行推理，从中找出可能正确解决问题的假设。

第五，验证假设。按假设进行试验，肯定或者否定前面的设想。

这五个步骤阶段的顺序并非一成不变，可以视个体的经验以及当时的问题解决情境而定，而且每一步骤均可进一步展开。

（2）波利亚的问题解决四步骤

匈牙利数学家乔治·波利亚的问题解决模式有四个基本步骤：理解问题、制订计划、执行计划、回顾。

（3）麦肯锡的解决问题七步骤

第一，陈述问题。界定问题的边界，清楚描述问题，列出问题的所有信息。

第二，分解问题。运用分解工具（逻辑树、鱼骨图等），分解问题的影响因素。

第三，去掉非关键问题。可应用"二八"法则，抓关键，抓秩序，因素太多时，学会抓大放小，集中精力，直抵问题本质。

第四，制订工作计划。对问题的各组成分进行分工协作，制订详细的工作计划。

第五，进行关键分析。按计划，以假设为前提，事实为依据，进行分析认证，寻找问题的解决方案。

第六，构建论证。综合分析结果，构建认证结构。经典认证结构有金字塔结构，结论先行，论据和事实相互支撑。

第七，讲述来龙去脉。把问题的来龙去脉讲清楚，好的方法是讲故事。

（4）政策分析的步骤和程序

托马斯·戴伊提出了三段式分析的观点，它认为政策分析，需回答如下几个问题：政府做了什么？为什么要这么做？做与不做有何不同，即政策行为会产生什么样的结果？

威廉·邓恩根据政策分析会用到五种类型的信息，将政策分析分解为五个分析的步骤，包括定义（Definition）、描述（Description）、预测（Prediction）、评价（Appraisal）和对策（Prescription）。

（5）谈判程序三个阶段和十个步骤

谈判准备阶段：

第一，确定目标，了解双方需求，确定谈判议题；

第二，进行详细调查，了解对方背景和需求，收集相关信息；

第三，筛选信息，根据需要制订谈判策略和方案；

第四，审议方案，确保所有准备工作都已完成。

正式谈判阶段：

第一，双方开始交锋，讨论议题，寻求共识；

第二，进行讨价还价，协商价格、条件等细节问题；

第三，根据实际情况修正目标，调整谈判策略和方案；

第四，缔结协议，达成共识，签署合同或协议。

谈判协议实施阶段：

第一，实施协议，按照合同或协议条款执行；

第二，善后处理，解决可能出现的问题和纠纷。

（6）学习工作步骤

第一，设定明确目标。第二，制订计划。第三，执行并监控进度。第四，根据实际情况及时调整计划和策略。第五，总结与反思。第六，建立良好的沟通。

（7）应急处理步骤

第一，迅速定位事故。在事故发生的第一时间，应当迅速定位事故现场，包括但不限于事故发生的地点、时间、原因以及可能受影响的区域。

第二，启动应急机制。启动本单位或部门的应急机制，确保有足够的资源（人力、物力、时间等）应对事故。

第三，疏散与保护。立即疏散可能受影响的人员和财产，并确保他们的安全。同时，尽可能减少事故对人员和环境的影响。

第四，紧急救援。根据事故的性质和可能的影响，采取适当的紧急救援措施，如提供医疗援助、物资支援等。

第五，调查与报告。对事故进行调查，收集相关信息，并向上级部门报告。

第六，恢复与重建。在事故得到控制后，应尽快恢复受影响区域的正常秩序，并考虑如何防止类似事故的发生。

（8）申论写作思考万能八条

第一，领导重视、提高认识；

第二，加强宣传、营造氛围；

第三，教育培训、提高素质；

第四，健全法规、完善制度；

第五，组织协调、形成机制；

第六，增加投入、依靠技术；

第七，依法监管、全面落实；

第八，总结反思、借鉴经验。

（9）面试回答问题步骤

第一，认真倾听。面试官提出问题时，应当认真倾听问题，确保理解问题的本质和要求。

第二，思考与分析。在回答问题前，应当思考与分析问题，确定答案的要点和思路。

第三，回答问题。根据思考与分析的结果，给出符合规范和要求的回答，注意语言的准确性和规范性。

第四，补充说明。如果需要，可以补充一些相关的信息或解释，进一步说明回答的内容。

第五，结束回答。在回答完毕后，可以简单总结答案的重点，或向面试官致谢。

总之，一个过程是由一系列不同空间层次、不同变化阶段所组成的。过程分析是一种深入观察和理解世界的方法。它让我们看到事物的多样性和复杂性，也让我们明白，每一个阶段、每一个步骤都有其特殊的意义和价值。通过深入分析这些过程，我们可以更好地认识自己和世界，也可以更好地应对工作生活的挑战和变化。

本章回顾

　　分析技术是思维领域的锐利工具，它深入探索、评估及阐释信息数据，揭示事物内在规律、趋势及关联，为深化我们认知提供支撑，为明智决策奠定科学基础。分析技术与分解策略紧密合作，分解将复杂问题细化为可操作部分，分析从全局视角剖析这些部分间的联系，共同构建解决复杂问题的有效路径。

　　面对实际问题，分解与分析应当灵活应对，依据问题及目标选择适当分析方法。因素分析探究变量影响，结构分析揭示组织架构，功能分析理解部分功能及关系，均属横向解剖。过程分析则纵向透视事件发展，揭示动态变化。

　　分析技术可以提升我们决策效率，培养逻辑思维能力，激发创新思维，推动社会进步，成为现代社会不可或缺的思维技术。通过挖掘信息数据价值，分析技术为各领域创新发展提供动力，有力促进社会高质量发展。

第二篇

如何宽广
——寻找联系，分析问题

　　思维的宽广从"数量"或者"横向"的角度来反映思维的品质，即思路广泛，善于把握事物各方面的联系，广泛接纳多样化的观点、信息与知识，思维具有多元性、开放性、综合性。思维宽广技术是一种促进全面而广泛认知的方法论，它强调在思考过程中跨越领域、视角与层面的界限，以综合与扩展为核心策略及具体表现形式，将不同领域的知识和信息进行整合，形成综合性的见解和判断。思维宽广的关键是寻找联系，不仅将事物显性的关联找出来，还尽可能地将事物内隐的关联找出来；不仅要在本领域内寻找联系，还要积极跨界互联；不仅要将事物连接起来，还要将分散的元素按一定的框架系结为一个整体。

第四章　综合技术

"综合"一词来源于纺织技术："综"是织机上使经线上下提放以接受纬线的机构。一综可提数千根经丝，故含有"总聚""集合"之意。"综合"就是将几千根不同的经线通过"综丝"把它们合并起来便于操作。"综合"作为一种思维技术，是人在大脑中将事物或对象的各个部分与属性联合为一个整体。

第一节　什么是思维综合

综合是与分析相对应的概念。分析是将研究对象的整体分解为若干部分、方面和因素，分别加以考察，找出各自的本质属性及彼此之间联系的思维过程。综合是将研究对象的各个部分、各个方面、各个环节、各个因素的认识结合起来，形成一个整体性认识的思维过程。

恩格斯说，分析就是思维"把意识的对象分解为它们的要素"，综合就是在思维中"把相互联系的要素联合为一个统一体"。分析是综合的基础，综合是分析的整合。综合是与分析相反的思维过程。

综合和概括经常联系在一起使用，和抽象的内涵也有很多相同之处，容易引起混淆。因此，在综合的过程中常常需要一定的概括和抽象。

综合是在分析、概括、抽象的基础上，将所获得的对某一个事物的各个方面、各个部分的认识联系在一起，在脑海中进行组合、建构或创造，获得该事物在脑海中的整体印象（同时也是抽象的具体形象或系统），形成对该事物的更加深刻、完整的认识。

概括的基础是事物之间个别和一般的关系。综合的基础是事物之中整体与局部的关系。

概括的最高境界是形成概念。综合的层次比概括更高，它需要在概念的基础上进一步思考，将多个概念联系起来组成一个系统。

综合的过程可能包括思维的归纳、概括、想象、选择和建构，是各种抽象的集合和统一。与概括、抽象相比，综合是更多方面、更多层次的迭代概括，是在抽象的基础上，再将抽象还原成"具体"的过程。这里的具体是思维的具体，理性的具体，它是许多"规定"（概念）的综合，即思维是把许多规定进行综合并加以改造的活动，是多样性的统一。

例如：一株桃树上成熟了许多果子，我们观察一个，红色、圆形、吃起来多汁、味甘。再看另一个，也是红色、圆形、多汁、味甘。第三个也是。所有的全看过，都是红色、圆形、多汁、味甘。由此我们判断，桃树成熟的果子都是红色、圆形、多汁、味甘。这个思维的过程是归纳。

我们接着观察，发现园林里另一些树上也结有果子，圆形、多汁、味甘，颜色却是黄色的；另一些树上结的果子也多汁、味甘，形状却不是圆形，而是长条形；另一些果子不是结在树上，而是在藤蔓上，颜色和形状也不一样，都多汁、味甘。我们认真分析比较，发现这些果子都多汁、味甘。我们经过比较、取舍之后，撇开这些果子的形状、颜色等不同性质，抓住这些果子多汁、味甘的共同特点，得出一个判断，这些果子都多汁、味甘，同时，我们为这些多汁、味甘的果子取一个名称叫"水果"，从而创造了"水果"的概念。这个比较、抽取、凝练的过程就是概括。命名为"水果"，赋予其多汁、味甘等共同特性，这样"水果"就成了一个抽象的概念。概括的最高境界是形成概念。

接着，我们发现了一个啃剩下的果核，又发现了一些果皮，颜色是红色的，果肉没有了。因为我们脑海中有了水果的概念，也有对水果性质的了解，于是我们依据红色、有核等特点，对照水果的概念，判断这是一种水果，同时在脑海中想象这种水果的具体形象。之后我们进一步搜寻，找到一些树叶，形状类似桃树叶，我们猜想这里被吃了一个带叶的桃子，甚至脑海中还会浮现这个桃子的形象。这个思维的过程就是综合。综合是将对象的各个部分与抽象的属性在大脑中想象和组合，逐步构成一个整体。

无论何种形式的综合都是将事物整体所分析出来的部分、因素或不同的事物结合为一个整体，都服从部分与整体的逻辑关系，即部分之和等于整体。例如：桌面加桌腿等于一张桌子的整体；人面加狮身等于"人面狮身"雕塑的整体。

事物的部分与整体的关系是有机的，并且是复杂多样的，它们之间的纯粹逻辑关系是一致的。这种逻辑关系可以用逻辑形式加以表示：$a+b+c+n=s$。公式中 a、b、c 是对象整体 s 中分析出来的确定部分，n 是 s 中除 a、b、c 之外的其余部分。公式所体现的关系，是综合方法所构成的基本关系，在逻辑中属于比较关系中的相等关系，其命题属于相等关系的命题，并且服从相等关系的逻辑运算。各种名目的综合都服从部分之和等于整体的规律。

第二节　综合的思维方法

综合的思维方法是从问题的已知条件出发，将分解的局部、分散的个别、分化的特殊、纷乱的表象，经过逐步的逻辑推理，在大脑里将它们按一定规则组合起来，形成一个整体，或达到待证结论或需求，其过程是"从部分到整体"或"从已知到结论"。

与分析方法一样，综合方法有静态综合、动态综合、系统综合等种类区分。

第一，静态综合。将事物的相对静止状态的部分结合为相对静止状态的整体。

第二，动态综合。将事物变化的多阶段连接为事物运动的全过程。

第三，系统综合。将事物的各方面要素构成事物的完整体系。

根据综合的过程和结果，可将综合区分为再造性综合与创造性综合。

一、再造性综合

再造性综合是按照事物的本来面貌、运动的本来过程、系统的本来结构进行的综合。例如：在历史研究中，我们常常把历史对象的各个部分、各个方面、各个要素联结起来，在思维中组成有机的整体。我们试图有条件地近似地恢复历史事物本来的内外部联系和中介，再现历史客体自身多样性统一的本来面目，使"思维整体"最大限度地接近历史对象整体。我们只能按照历史客体自身的结构和规则进行综合，将原来经过分析所获取的关于它的各种成分、各个方面、各个阶段的许多分离的知识，重新再联结、再结合起来。这就要区分主次和重轻，区分现象和本质，区分各种联系、各种规定性的差异之所在。当然，这个综合是以分析为基础的，没有史料的占有和分析，就难有再造性综合。分析和综合互为前提，互相渗透，这种情形在历史认识领域中是普遍存在的。

再造性综合可以依据研究对象的要素进行结构再造，也可以依据对象的空间位置进行地域综合，还可以依据对象的变化过程进行过程再造，或者依据对象的矛盾情况进行辩证综合。

（一）依据概念进行整体综合

概念是我们通过概括，将不同属性综合和提炼出来的规定。

例如：桌子，它是由大小、形状、颜色、属性、构造、功能等属性规定的概念。人们将上有平面，下有支柱，可以在上面放东西、做事情的家具叫桌子，这是长期沿用，约定俗成的。我们大脑里有了桌子的概念，再次遇到符合桌子概念的诸多条件时，我们就会在脑海里自动综合，还原出这张桌子的信息。尽管我们见到的只有部分桌面，一条桌腿，我们也能通过综合和想象，在脑海中还原出这张桌子的信息。

大脑中有了概念，综合起来就相对简单。相反，如果一个人完全没有桌子的概念，面对条件不充分时，我们很难迅速综合得出这是桌子的认识。

许多复杂的研究中，有时我们大脑中并没有明确的概念，这时我们可以学习借鉴，寻找相似模型，依据模型进行移植研究。例如：工作中制订一个好的方案，我们开动思想机器从对问题的分析中找出较佳方案，同时，开阔视野观察别人解决同类问题的办法、经验和教训，将别人智慧宝库中的精华撷取过来，移植到自己所要采取的办法中，形成实用有效的工作计划或行动方案。这就是见多识广的好处，也是我们要读万卷书、行万里路的原因。

（二）依据已知条件进行因果综合

在数学研究中，依据已知条件进行综合分析是必备的思维能力。这些已知条件很多是概念，也可以是判断，等等。

"数学综合法"，指从已知条件出发，借助其性质和有关公理、定理，经逐步逻辑推理，推导出所要证明的结论能够成立的方法。

综合法的特点和思路是"由因导果"，即从"已知"看"可知"，逐步推向"未知"。"因"即已知条件、定理、定义、公理等，"果"即由此因推理演绎出的某一具体对象。

由概念导具体，由因导果，即从起始概念P出发，通过一系列逐步细化和演变的步骤，达到最终概念Q的过程。每一步都可能是对前一步的进一步细化，或者是基于前几步综合作用下的新状态或结果。这样的表示方法有助于概念之间的逻辑关系的清晰展现以及因果关系的逐步展开。

运用综合法解题时，应当明确通过已知条件可以解决什么问题，才能从已知逐步推导到未知，使问题得到解决。

（三）依据要素进行结构综合

要素综合，指将对象构成的要素收集整理进行综合思考的一种方法。

要素综合有以下几种方式：

第一，要素—过程综合。一般意义上的要素综合，是将多个要素放在一起考虑，即多要素综合，依据其结构进行再造。

第二，串珠研究。将零散的、看似互不关联的现象或情况、材料串起来研究，找出其内在的联系，然后概括形成一个结论。

第三，地域综合。将空间的形式和内容都放入区域中进行理解，依据地域进行综合；通过地理要素特征推理、思考地理过程的发生发展状况。例如：地理学研究以区域为切入点，一是进行"地域内综合"，根据特定区域内各地理要素和过程的空间配置与组合关系，以及结构特征—空间格局—功能效应的思维线索，整体理解综合的地理区域；二是进行"地域间综合"，从物质流、能量流和信息流等"流"的角度，揭示不同地域之间的相互联系和相互依赖。在特定区域内，各地理要素与过程具有特定的空间配置与组合关系，形成了具有不同结构特征、空间格局和功能效应的综合地理区域。

（四）依据过程进行动态综合

要素综合是对切片静态的综合，在面对动态变化的研究对象时，容易陷入"拼盘式"综合的弊端。因为单纯的要素综合缺乏综合的具体过程，比较空洞，而综合的对象总是在不断发展变化的，很多时候，我们应当将要素和过程结合起来进行综合考虑，将要素与过程关联起来进行动态综合。

动态综合的方法如下：

第一，把时段分析的结果置于整个时间发展序列中进行动态综合；

第二，综合现象和事物的前后承袭、演替关系和时间变化节律；

第三，将要素的"组分"与过程的"组分"综合起来进行空间推理；

第四，通过追溯环境及其组成部分的发生发展过程，认识对象的现状特征，预测将来的演变趋势。

二、创造性综合

创造性综合是脱离事物自身面貌、过程和结构的综合。将不同的事物或技术按一定方式组合起来，就能创造出新事物和新技术。这种综合方法被称为组合法，它是现代科学技术发明的主要方法。

创造性综合是扩展认识的手段。我们以有限的感官及其感受能力去观察无限的客观世界，所获得的感知经验在时间和空间上总是片面又零碎的。即使观察一个最简单的事物也是如此。人们看到它的现在，就没有看到它的过去；看到它的正面，就没有看到它的背面；看到它的外部，就没有看到它的内部。仅凭我们感官要想获得对事物的完整的认识几乎是不可能的。这时，人脑就会自动运用原有的经验或信息去构想事物未被观察到的或未知的可能部分，以弥补感知的不足。

例如：关于宇宙的解释，从远古的"天圆地方说"，到哥白尼的"太阳中心说"，从牛顿的"无限无边的宇宙说"，到爱因斯坦的"有限无边的宇宙说"，都是借助猜想、假说来构织关于世界的完整图画。这种包含猜想或假说成分所构织的完整世界无疑是创造性综合的产物。

（一）辩证综合

辩证综合，指对事物矛盾分析的基础上，多角度、多侧面、多层次地综合考察对象事物，将各种矛盾以及矛盾的各个方面联系结合起来，形成对事物的整体性把握和认识的过程。辩证综合的过程不是单纯地将事物的各个部分堆砌在一起，而是充分体现辩证的联系，体现一个从普遍到特殊再到一般的过程。

　　我们的普通思维，分析只注重"异"，综合只注重"同"，而不去考察两者的联系。辩证思维的分析与综合从同与异的辩证统一中考察对象。辩证的综合，一方面，对立双方通过相互摒弃而达到统一。毛泽东说，"综合就是吃掉敌人"，即达到矛盾的统一。另一方面，将两个方面按照对立统一的法则综合到一起。

　　我们确定事物各基本因素"作用的大小"，"从全部敌我因素的相互关系"中作出结论。其一，应当分析和认识促进事物发生变化的各种原因或因素所起作用的性质特点和大小。其性质主要是有利因素还是不利因素，这一点决定了因素对事物作用的方向。其二，结合各因素对事物运动发展作用的特点和作用力的大小，分析和各个因素之间的相互关系。这些关系主要包含：第一，主次关系；第二，对立关系；第三，依赖关系；第四，促进关系；第五，制约关系；第六，协同关系；第七，相互作用关系；第八，转化关系。其三，在这些基础之上弄清楚关系之间的作用机制。例如：对立关系的两因素或多因素，谁的作用大，即谁主谁次，相互协同的因素与其他因素的互动关系，等等。

　　（二）分合研究

　　由整体研究到分解研究，再回归到整体研究。即分析研究某一问题或事物时，可以先从整体上观察，了解其一般情况，看清其轮廓，然后将它分解开来，对构成问题或事物的各部分进行考察分析，最后再将各部分的分析加以综合，形成整体印象或结论。这种方法是由整到零、由零到整的研究方法。

　　（三）多管道研究

　　我们为解决问题，可以多思路、多渠道地进行研究，提出几种办法或方案，多管齐下，多头并进，共同作用于问题这一"工作面"上，达成问题解决目标。多管道研究、多头作业，从概率上看，要比一种方案、一种模式成功的概率高。

　　毫无疑问，分析和综合是相互渗透、相互补充的。认识有三个步骤：即观察—分析—综合。分析是综合的基础，综合以分析为前提。没有前期的细致分析，就没有后期的整体综合。同时，综合中包含着分析，因为综合是在分析的基础之上进行的，整体综合的过程中总会包含着局部的分析。

人类认识的规律是先分析，后综合。对于一个新问题，一般先用分析法寻找解决办法，再用综合法有条理地表达出来，即逆推顺证。例如：数学中有"两头凑"的方法，即先从已知条件出发，看可以得出什么结果，再从要证明的结论开始寻求，看它的成立须具备哪些条件，最后看它们的差距在哪里，从而找出正确的证题途径。

总之，综合是一种重要的思维方法和逻辑方法。综合所产生的纯粹逻辑关系是部分与整体的关系，即部分之和等于整体。人们常用再造性综合与创造性综合从事科学技术发明创造，这些方法一般有助于产生创新创造成果。

🔗 本章回顾

思维综合是一种高级的认知过程，要求我们在面对问题时，能整合不同来源和不同性质的信息、观点和方法，多角度分析，多因素考虑，权衡利弊，整体把握，动态调整，对问题给予全方位的分析和探讨。在此思维过程中，我们关注单一因素或局部细节的同时，要更加注重整体的结构和功能，以及各部分之间的相互关系。运用归纳、演绎、类比等多种思维方法和技巧，在理解问题的基础上，对问题给予多角度、多层次的分析和推理。这是一种全面、整体的思维方式，能够帮助我们形成全面、深入、系统的理解和判断，作出明智的决策。

第五章　扩展技术

思维要开阔，思路要宽广，离不开思维扩展技术。思维扩展旨在提高思维的灵活性和创新性，帮助个体突破思维局限，发现新的思维角度和观点，培养更加开放、包容和创新的思维方式。

思维扩展技术主要有联结技术和系结技术，通过把握存在于各种观点、方法、知识、理论和学科之间的内在联系，通过联想、想象、类比、推理、引申、映射、扩充等多种方法启发思考，建立认识领域的沟通，提出创新性的解决方案，促进个体思维的扩展和深化。

第一节　扩展技术概说

世界充满了复杂性和不确定性。为了适应复杂多变的世界，帮助我们更好地解决问题，促进个人成长，我们需要应用思维的扩展技术，拓展自己的视野，提高自己思维的广度与深度，从不同的角度和层面思考问题，更好地理解这个世界。

一、思维扩展的本质是寻找联系

万物皆有关联。智慧是一种观察和体验能力，更是一种关联的能力。如何跳出点、线、面的限制，能从上下左右、四面八方去思考问题，善于寻找联系，善于借助外力，善于开发和利用外部资源，这是思维扩展的技术追求。

在思维扩展的过程中，我们一般是通过寻找某种联系推动思考的深度和广度。这种联系可能是直接的、明显的，也可能是间接的、隐晦的，但它确实存在，并作为思维扩展的桥梁或纽带。

当我们说思维扩展，并不是指无目的的、毫无关联的"乱想"。相反，有效的思维扩展应当是基于一定的逻辑或关联的，即使这种关联是间接的或通过中介实现的。例如：我们可能通过一个看似不相关的比喻或类比，找到解决问题的新方法。在这个过程中，比喻或类比就是思维扩展的"中介"，它帮助我们找到了原始问题和新解决方案之间的间接联系。

因此，思维扩展是基于一定逻辑和关联的思考过程，在这个思考过程中，建立关联是至关重要的。感性关联与理性关联激发解决问题能力的提升；模糊关联与精准关联催生知识点本质探究智慧的提升；物理关联与数学关联培养借鉴智慧能力的提升。无论是直接关联还是间接关联，它们都为我们的思维提供了路径和桥梁，使我们能够从一个点跳跃到另一个点，拓宽思维的视野和深度。

沟通和联系是扩展思维的核心，寻找联系和加强联系是扩展技术的本质。突破视野局限和思维短路时，通过联想由此及彼，通过想象让思绪信马由缰，或者通过头脑风暴等进行集体发散思考。经过筛选最后留下来的有效的思维扩展成果，无论是事物还是想法，一定是与原始问题具有某种有意义的联系的。相反，如果我们信马由缰所得的新的思维成果与原始问题或想法毫无关联，或者无法与之建立某种有意义的联系，对解决原始问题毫无帮助，这种思维扩展是没有意义的，或者说是失败的。

所以，思维扩展的过程就是不断寻找和建立联系的过程。在此过程中，我们运用各种思维方法和工具，探索、发现和建立不同概念、想法和事物之间的联系。当我们找到新的联系时，会激发我们的想象力和创造力，推动我们提出新的观点、想法和解决方案。这些新的思维成果可能会挑战现有的认知和理解，推动我们不断进步和发展。

思维扩展是一个开放和多元的过程，它可以向多个方向进行，包括与问题有直接联系的方向以及其他看似不相关但实质上有关联的方向。

我们需要不断运用各种思维方法和工具，保持开放和灵活的思维态度，多方向、多角度、多层面的思考和拓展，发现和创造更多的联系和可能性。思维扩展包括以下几个方向：

第一，横向扩展。指从与当前问题或主题直接相关的方向进行扩展。例如：如果我们正在考虑一个产品的设计，我们可能会从产品的功能、用户群体、竞争对手等方面进行横向扩展，思考如何改进或创新。

第二，纵向扩展。指深入探究当前问题或主题的内在逻辑和细节。例如：对于一个物理现象，我们从基本的物理原理出发，逐步推导出更复杂的模型和理论。

第三，交叉扩展。指将当前问题或主题与其他领域或学科进行交叉思考，寻找新的启示和解决方案。例如：将音乐与数学结合，创造出新的音乐理论和作品。

第四，逆向扩展。指从问题的反面或对立面进行思考，发现新的解决方案。例如：考虑一个产品的缺点或不足，然后思考如何改进或创新。

思维扩展的方向并不是固定的，它可以向多个方向进行，包括但不限于与问题有直接联系的方向。

二、联结与系结：思维扩展的两个阶段

在写作过程中，思维扩展有两项主要任务，一是"联起来"，通过联想、想象等手段寻找联系，实现沟通，将事物或想法联结起来；二是"系起来"，通过归纳、推理、引申、扩充等手段，将找到联系的事物

或想法联系得更加紧密。"联"和"系"是思维扩展的两个阶段，或两重境界，我们概括为通过揭示内在联系实现思维沟通扩展的两种主要技术：前者是联结技术，后者是系结技术。

联结技术主要是通过联想和想象撒网，将知识向内打开和向外拓展，揭示存在于现实世界中的各种联系和关系，使相应事物彼此沟通起来，让知识立体、丰富、生动起来。

系结技术主要是围绕目标、素养、结构来收网，将散乱的知识按一定逻辑选择和组织起来。通过联结技术和系结技术的运用，在写作过程中更好地揭示内在联系，实现思维沟通。

第二节　思维联结技术

联结技术，指一种将不同系统、设备、数据库或应用程序连接在一起的技术。这种技术允许数据和信息在这些系统之间流动和共享。

联结技术运用于思维过程中，是将不同的概念、想法或信息点联系在一起，形成新的认知和理解。通过联结，人们能够将分散的信息整合起来，形成更加完整和深入的认识，从而推动思维的扩展和创新。

一、联结技术的特点和作用

联结技术侧重于建立元素之间的联系，主要是寻找元素之间的相似性或相关性，通过寻找共同点或共同特征，将不同的元素联结在一起。

以下几个词语概括了联结技术的核心特点和应用价值：

（1）联想：联结技术强调通过联想将不同的知识、观点或概念联系起来。联想的目的可能是为了寻找灵感、创意或解决问题，通过联想找到与当前问题相关的其他概念或想法。

（2）拓展：联结技术能够拓展思维，将思维从一个点延伸到多个相关点。

（3）整合：联结技术能够将分散的信息整合成一个有机的整体，增强理解。

（4）创造力：联结技术有助于激发创造力，产生新的思维和创意。

（5）深度：联结技术能够加深对知识、观点或概念的理解，提升思考的深度。

当然，也不排除有时运用逆向思维，基于对比或因果关系追问，寻找元素之间的差异性或因果联系，帮助我们在思维中建立桥梁，跨越不同的领域或概念进行思考。

二、联结技术的模式

联结技术有多种联结模式，常见的有：

（1）时间联结。按照时间顺序，将事件或过程串联起来，展现事物的发展变化。这种联结模式适用于描述历史事件、成长过程或流程性事件。

（2）空间联结。将不同地点的事物或元素联系起来，形成一个完整的画面或场景。这种联结模式适用于描述地理位置、环境描写或空间布局。

（3）类比联结。通过对比不同事物或概念之间的相似之处，加深对它们的理解。这种联结模式适用于解释抽象概念或论证观点。

（4）因果联结。强调事物之间的因果关系，解释某一事件发生的原因和产生的影响。这种联结模式适用于分析问题、解释现象或提出解决方案。

（5）实例联结。通过具体实例说明某一观点或论证，增强说服力。这种联结模式适用于论证、说明或描述具体事件。

（6）反差联结。通过对比两个相反的事物或观点，强调它们之间的差异和矛盾。这种联结模式适用于对比分析、批判或质疑。

这些联结模式在写作中可以单独使用，也可以结合使用，根据不同的主题和需求选择合适的联结模式，使文章更加丰富、有深度和说服力。

三、联结的主要方法

（一）联想

联想（Association）是一种心理现象，指由一个事物想到另一个事物的心理过程。联想也是一种横向的思维过程，它从一个点跳转到另一个点，这些点之间可能存在直接或间接的关联。

联想的关联可以基于两种关系：相似性和相关性。

相似性联想，指两个事物在某些特征上相似，当人们看到一个事物时，会联想到另一个具有相似特征的事物。

相关性联想，指两个事物在某种情境或经验中经常一起出现，当人们体验到一个事物时，会联想到另一个与之相关的事物。

联想依赖于我们大脑中已有的记忆和关联，使我们能将不同的事物联系起来。

联想的方法包括以下几种：

第一，直观联想。通过使用图像、图片、实物等方式，引导我们将新知识与已有认知经验联系起来。

第二，相似联想。引导我们找到新知识与已有知识之间的相似之处，以此建立联系。

第三，接近联想。引导我们关注新旧知识之间的时空接近性，建立联系。

第四，因果联想。引导我们发现新旧知识之间的因果关系，建立联系。

第五，自由联想。允许在没有任何提示的情况下，自由地想象和联想，以此建立新旧知识之间的联系。

第六，强制联想。通过给出特定的任务或问题，引导我们主动寻找和发现不同知识之间的联系。

联想在思维活动中扮演着重要的角色，它通过一个概念、想法或事物触发对另一个相关或相似概念、想法或事物的思考。在联想的基础上，我们可以依赖已有的知识和经验，将原有的信息进行扩充，增加新的内容或更多的细节和层次，使信息更加丰富和完整，或者为已有信息添加新的元素或解释。

（二）想象

想象是通过创造新的形象或场景，将不同的概念、想法或信息点联结在一起。它允许我们在心中构建出与现实生活不同的场景，从而联结不同的元素，形成新的认知和理解。

想象与联想是两种不同的思维方式，它们在思考过程中发挥着不同的作用。

想象是通过创造新的形象或情境解决问题，它需要我们运用想象力创造出一个全新的场景或形象，并将其与现实生活中的事物联系起来。想象通常与创造性思维和解决问题有关，它可以帮助我们发现新的解决方案或创造出新的概念。而联想是一种基于已知事物进行思考的方式，通常基于已有的经验和知识，将不同的元素联系起来，帮助我们更好地理解和记忆信息。因此，想象更注重创造性和新奇性，联想更注重关联性和理解性。

这两种思维方式在思考过程中是相互补充的，它们可以帮助我们更全面地思考问题，找到更多的解决方案。

（三）类比

类比是一种通过比较不同事物之间的相似性和差异性，揭示它们之间潜在联系和共同特征的思维方法。

以下是类比的主要做法：

第一，直接类比法。直接比较两个或多个事物之间的相似性和差异性。这种方法简单直观，可以帮助我们快速理解新概念或问题。

第二，象征类比法。用一个具体的事物或符号来代表一个抽象的概念或思想。这种方法可以通过形象的比喻和形象化的表达，帮助我们更好地理解和记忆抽象概念。

第三，因果类比法。比较两个或多个事物之间的因果关系，揭示它们之间的潜在联系。这种方法可以帮助我们预测未来趋势或结果，并制订相应的策略。

第四，跨领域类比法。将不同领域的知识、经验或技能进行类比，发现新的应用或创新点。这种方法可以打破思维定式，激发创新思维，帮助我们找到解决问题的新思路。

第五，集体类比法。将一组事物或概念作为一个整体进行类比，发现它们之间的共同特征和规律。这种方法可以帮助我们更好地理解一个复杂系统或领域，并发现其中的规律和趋势。

通过将一个问题与另一个看似不相关的问题进行类比，可以发现新的解决方案或启示。例如：看见被挖空的木头能浮于水面，就明白了造船的道理；看见飞蓬随风转动，就知道了造车的原理；看见鸟的足迹，就知道了造字以著书。这些都是通过类推的方法得到的，这些启示都是通过类比推理才获得的。类比推理，可以说是人类发明创造之母。

需要注意的是，类比并非绝对准确的思维方法，因为不同事物之间可能存在表面相似但本质不同的情况。因此，在使用类比方法时，我们需要保持谨慎和批判性思维，同时结合其他思维方法进行综合分析和判断。

（四）集体发散思考

集体思考法是一种汇聚集体智慧、激发创新思维的方法。

具体操作方法如下：

1. 头脑风暴法

这是最常见的集体思考方法之一。首先确定一个议题或问题，然后邀请团队成员自由发表意见和想法，鼓励大家提出尽可能多的解决方案，并对别人的想法给予肯定和补充。不论想法是否实际可行，在讨论过程中，不对任何想法进行评价或批评，以保证参与者的思维自由发散。这样，通过在短时间内产生大量想法和创意，帮助人们拓展思路。

2. 六顶思考帽法

这是一种管理思维过程的方法，通过使用六种不同颜色的帽子代表六种不同的思考模式，帮助人们全面地思考问题。这六种思考模式包括分析、创新、评估、情感、直觉和事实。

这种方法要求团队成员在思考问题时，分别从不同的角度进行思考。六种颜色的帽子代表六种不同的思考方式，如白色帽子代表事实和数据，红色帽子代表情感和直觉，黑色帽子代表负面因素等。团队成员按顺序戴上不同颜色的帽子，从不同角度对问题进行思考和分析。

这也是一种角色扮演法，设定一个特定的场景或情境，让团队成员扮演不同的角色，从不同的角度思考问题。通过角色扮演，更深入地了解问题，发现新的解决方案。

3. 思维导图法

这是一种利用图形和文字表达思维过程的方法，通过使用节点、分支和颜色等元素组织信息，帮助人们更好地理解和记忆。

使用思维导图工具，将问题或议题作为中心主题，团队成员围绕这个主题提出相关的子主题和想法。通过绘制思维导图，可以清晰地看到各个想法之间的联系和层次关系，有助于整理和归纳集体智慧。

4. 德尔菲法

这是一种专家咨询的方法，也可以应用于集体思考。邀请团队成员提出他们的想法和预测，然后汇总并反馈给所有人。接着，团队成员根据反馈修改他们的想法，再次汇总和反馈。这个过程重复几次后，团队成员的想法会逐渐趋同，形成一个集体共识。

以上这些方法都可以帮助团队成员汇聚智慧、激发创新思维，找到更好的解决方案。在实际应用中，可以根据团队的特点和问题的性质选择合适的方法。

5. 联结技术的实施步骤

联结技术，指通过联想和想象，将不同的知识、观点或概念联系起来，构建一个更加完整和有深度的思维网络。

实施步骤如下：

（1）确定中心点

首先明确要表达的中心观点或主题，这是联结的起点。

（2）联想关联

从中心点出发，联想与之相关的其他观点、知识或概念，理解它们的内在联系和逻辑关系。

（3）建立连接

在每个关联点之间建立清晰的连接，说明它们与中心点的关系。在分析过程中，要努力寻找不同观点、方法和知识之间的共通点。这些共通点可以成为沟通的桥梁，将不同的元素联系起来，形成一个完整的逻辑体系。

（4）筛选整合

对联结出的信息进行筛选和整合，确保它们与中心点紧密相关，且逻辑清晰。

（5）实践应用

尝试在实际写作或思考中运用联结技术，不断锻炼和提升自己的思维扩展能力。

第三节　思维系结技术

系结技术，指在联结的基础上，将关联物有机地结合在一起，进一步建立稳固的联系和结构。它不仅仅是为了建立联系，而是要确保这些联系在思维中具有连贯性、稳定性和持久性。系结有助于将不同的思维元素有机地结合在一起，形成一个系统化的思维框架或模型，将不同的概念、想法或信息点整合在一起，形成一个更加完整和系统的认知体系。这种框架或模型可以为进一步的思维活动提供指导和支持，促进思维的深入和拓展。

一、系结技术的核心思想

系结技术的关键点在于构建一个有逻辑性和条理清晰的框架，将分散的信息或观点组织起来。核心思想是通过对信息的分类、筛选、整理和组织，实现信息的有效整合，使读者能够更好地理解和接受所传达的信息。

（一）系结技术的原理

系结技术的原理主要体现在以下几个方面：

1. 逻辑结构

系结技术强调文章或思维的逻辑性和条理性，通过构建清晰的逻辑结构，将信息或观点组织起来。这种逻辑结构可以是时间顺序、因果关系、分类归纳等，可以使信息呈现更加有条理性和系统性。

2. 信息整合

系结技术注重信息的整合，将分散的信息按照一定的逻辑关系进行分类和组织，形成一个有机的整体。

3. 筛选和整理

在系结技术中，需要对信息进行筛选和整理，选择与主题相关的关键信息，排除无关或次要的信息。通过筛选和整理，可以确保信息的精练和准确。

4. 结构的连贯性和一致性

系结技术强调文章或思维结构的连贯性和一致性，通过构建合理的框架组织信息，确保信息之间的联系紧密，逻辑关系清晰。

5. 分类和标签化

系结技术需要对信息进行分类整理和标签化，按照一定的标准将相关信息归为同一类，便于后续的组织和整合。这种分类和标签化过程有助于提高信息管理的效率和可查询性。

6. 清晰表达

系结技术的最终目的是清晰地表达思想，通过合理的组织和结构使信息更加明确和易于传达。

总之，系结技术旨在通过合理的组织和整合信息，提高信息的条理性、系统性和可理解性。实际上，任何需要逻辑思考和信息整理的场合都可以应用系结技术。

例如：我们要写一篇关于广东省深圳市旅游的文章，主题是介绍某地的旅游景点。应当首先收集关于深圳各个旅游景点的信息，然后按照景点的类型进行分类整理，自然景观、历史遗迹、现代娱乐等。然后，我们构建文章的结构，可以按照时间顺序或地理位置的顺序组织景点介绍，也可以根据景点的特色和吸引力进行分类介绍。在每个部分中，我们详细描述景点的情况，包括景点的特色、历史背景、游览建议等，并确保各部分之间的逻辑关系清晰，整个文章结构紧凑、条理清晰。

在这个案例中，我们使用了系结技术的逻辑结构、信息整合和筛选整理等原理。通过合理的组织和整理，我们能够更好地介绍每个旅游景点，使读者能够全面了解深圳的旅游资源和魅力。同时，通过构建清晰的逻辑结构，我们能够提高文章的可读性和易理解性。

（二）系结技术的主要方法

第一，归纳法。从具体到抽象，将多个具体事实或例子归纳总结为一个或几个抽象的概念或观点。

第二，演绎法。从一般到特殊，根据已知的一般原理或规则推导出具体的结论或实例。

第三，因果法。通过分析因果关系，将多个因果关联的事件或因素联系起来，形成一个完整的因果链。

第四，分类法。将多个相关或不相关的事件或因素按照一定的标准进行分类，形成有组织的结构或体系。

第五，对比法。通过对比不同事件或因素之间的相似之处和差异，加深对它们的认识和理解。

第六，综合法。将多个相关或不相关的事件或因素综合起来，形成一个全面、完整、系统的认识或解决方案。

（三）系结技术的操作步骤

系结技术按照一定的逻辑结构，将散乱的知识或信息组合起来，形成一个有机的整体。其操作步骤主要如下：

第一，收集信息。广泛收集与主题相关的知识、观点或事实。

第二，分类整理。将收集到的信息按照一定的标准进行分类整理，例如：按照时间顺序、重要性或相关性等。

第三，确定框架。选择一个合适的框架，用于组织整理后的信息。例如：可以按照"背景、问题、解决方案"的顺序构建文章结构。

第四，填充内容。按照所选的框架，将分类整理后的信息逐一填充进去。

第五，审查完善。对整理好的内容审查和完善，确保逻辑严密、条理清晰。

第六，实践应用。在写作或思考过程中不断运用系结技术，提高自己的逻辑组织和表达能力。

（四）几种常用的思维框架

掌握一些常见的思维框架，能帮助我们快速找到处理问题的思路。

下面是一些常用的文章或讲话框架。

1. 问题—解决框架

第一，引言。简要介绍背景，引出问题。

第二，问题描述。详细阐述问题的现状、影响及原因。

第三，解决方案。提出一个或多个解决方案，并解释其可行性和优势。

第四，实施步骤。说明实施解决方案的具体步骤或计划。

第五，结论。总结要点，强调解决方案的重要性和实施后的预期效果。

第六，应用。适用于分析社会问题、技术难题、个人挑战等，旨在提供解决方案。

2. 因果分析框架

第一，现象描述。描述一个现象或事件。

第二，原因分析。探讨导致该现象或事件发生的原因，可以是多个方面的。

第三，结果展示。阐述该现象或事件带来的后果或影响。

第四，对策与建议。基于原因分析，提出应对策略或改进建议。

第五，总结。回顾整个分析过程，强调关键点。

第六，应用。适用于经济学、社会学、心理学等学科领域的分析报告。

3. SWOT分析框架

第一，优势（Strengths）。列出项目、个人或组织的优势。

第二，劣势（Weaknesses）。分析存在的不足或弱点。

第三，机会（Opportunities）。探讨外部环境中的潜在机会。

第四，威胁（Threats）。识别可能面临的外部挑战或风险。

第五，策略建议。基于SWOT分析，提出发展战略或行动计划。

第六，应用。战略规划、市场分析、个人职业规划等。

4. 时间线框架

第一，历史背景。介绍事件或主题的历史起源和发展。

第二，关键节点。按照时间顺序，列举和描述重要事件或转折点。

第三，当前状况。分析当前的状态、成就或问题。

第四，未来展望。预测未来的发展趋势或提出愿景。

第五，应用。历史研究、项目汇报、技术发展史研究等。

5. 故事叙述框架

第一，引入。设置场景，引起听众或读者的兴趣。

第二，发展。通过情节推进，展现冲突、挑战或变化。

第三，高潮。达到情节的最紧张或最激动人心的部分。

第四，结局。解决问题，展示结果，留下深刻印象。

第五，总结/寓意。提炼故事中的教训或寓意，与现实生活相联系。

第六，应用。演讲、广告、小说、电影剧本等。

6. STAR框架

第一，情境（Situation）。描述当时的具体情境或背景。

第二，任务（Task）。说明我们在该情境下需要完成的任务或面临的挑战。

第三，行动（Action）。详细阐述我们采取了哪些具体行动应对任务或挑战。

第四，结果（Result）。展示行动带来的积极结果或成果。

STAR框架（Situation-Task-Action-Result）常常用于讲述个人经历或成就，特别是在面试、自我介绍或分享经验的场合。

无论选择何种框架，应当根据我们的目标受众、内容主题和表达目的灵活调整。每种框架都有其独特的优势和适用场景，合理使用可以大大提升我们的文章或讲话的质量和效果。

当然，框架也是用来打破的，心存框架，却不拘泥于框架，创新才有可能发生。

二、系结技术的几种类型

（一）推理技术

推理是一种逻辑思考过程，通过已知的信息和规则推导出新的结论或判断。

推理的基本步骤和技巧如下：

第一，明确问题和已知信息。推理前，需要明确要解决的问题或要验证的假设，并收集相关的已知信息。

第二，确定推理类型。根据需要解决的问题和已知信息的类型，选择合适的推理类型。例如：演绎推理、归纳推理、类比推理等等。

第三，建立逻辑联系。根据推理类型，将已知信息与要解决的问题或假设建立逻辑联系，形成推理链。

第四，应用推理规则。在建立逻辑联系的过程中，应当遵循逻辑规则和推理原则。例如：排中律、矛盾律、传递律等，确保推理的正确性。

第五，验证结论。推导出结论后，应当对结论验证，确保其正确性和可靠性。例如：用实验、观察、对比等方法进行验证。

第六，反思和完善。完成推理过程后，应当对推理过程反思和完善，检查是否存在逻辑漏洞或错误，是否有更好的推理方法和技巧可以应用。

需要注意，推理并非绝对准确的思维过程，可能存在信息不完整、推理规则错误、人类认知偏差等因素导致推理结果不准确。因此，进行推理时，我们需要保持谨慎和批判性思维，同时，结合其他思维方法进行综合分析和判断。

（二）引申技术

一个命题或结论可能包含着潜隐的意义，这些意义需要通过引申予以揭示。引申是对思想进行推演的一种重要方式，帮助我们利用已知的信息推导出未知的内容，深化对原有知识的理解，甚至能发现新的问题和领域。

引申通常基于某种逻辑或规则，例如：演绎推理、归纳推理、类比推理等。引申是顺利实现理解的必要环节。在引申过程中，人们会利用已知的事实、经验或理论，推导出新的结论或解释。

1. 引申的三种方式

一般来说，对于既定的思维成果，可以找到数种不同的引申方式，其中最重要的有如下几种：

第一，推论式引申，从普遍到特殊。指从一个基本、丰富的科学发现或理论成果出发，结合不同的具体情况和联系，按照不同的联系和侧面，向多个不同的方向展开引申，推导出多个有意义的新结论。强调基于已知信息进行逻辑推演，通过演绎、归纳或类比等推理方法，推导出新的结论或解释，体现了由普遍到特殊、由抽象到具体的推演过程。

第二，推广式引申，从特殊到普遍。特殊形态中总是体现某些具有普遍性质的东西。在某些个别场合结合具体问题的特殊条件得出的结论，一般蕴含着更为深刻的普遍意义。推广式引申，指将特殊形态中蕴含的普遍性质揭示出来，通过拓展和推演，将个别场合的结论推广到更广泛的情境中。这也是一种拓展式的引申，表现出由特殊到普遍、由具体到抽象的特征。它通过对个别场合中得出的结论，推演、发掘和延展，揭示出这些结论的深刻普遍意义。结论超越了原有知识的范围，包含着在实质上有别于作为引申出发点知识的新内容。

第三，外推式引申。指基于现有知识，向未知领域进行推测和拓展。需要借助类比、联想等思维方式，将已有的知识、经验和理论应用于新的领域或情境中，发现新的可能性或解决新的问题。有助于拓展知识边界，推动科学和技术的进步。

在实际应用中，这三种引申方式常常相互交叉、相互补充。根据不同的思维成果和具体需求，我们可以灵活运用这些引申方式，以深化理解、拓展知识、发现新问题和推动创新。

2. 引申的操作技巧

引申作为一种思维方式，在解决写作问题时，能够帮助我们深化理解、挖掘潜在意义，发现新的探讨方向。

以具体步骤为例，分析如何用引申解决某个写作问题。

第一，明确写作问题。例如：写一篇关于"环境保护与可持续发展"的文章，发现内容较为单薄，缺乏深度和广度。这时，我们运用引申丰富文章内容。

第二，从已知信息出发。从环境保护和可持续发展的基本概念、重要性和当前状况等方面入手，作为引申的起点。例如：可以阐述环境污染、资源枯竭等问题的严重性，以及可持续发展的必要性和紧迫性。

第三，应用推论式引申。基于环境保护和可持续发展的基本概念，从不同角度展开推论。例如：探讨环境保护与经济发展的关系，分析如何在追求经济增长的同时保护环境；讨论政府在环境保护中的责任和作用，提出政策建议；探讨公众意识和行为改变在环境保护中的重要性，倡导绿色生活方式；等等。

第四，应用拓展式引申。在应用推论式引申的基础上，进一步拓展思路，将环境保护和可持续发展与更广泛的社会、经济、文化等方面联系起来。例如：探讨环境保护对国际关系的影响，分析国际合作在解决环境问题中的作用；将环境保护与科技创新相结合，讨论如何通过科技手段推动可持续发展等。此外，还可应用类比引申，结合具体的案例或数据支持论点。

第五，深入挖掘潜在意义。在引申的过程中，注意挖掘命题和结论中的潜在意义。例如：探讨环境保护与经济发展的关系时，引申出"绿色发展"的理念，强调经济发展与环境保护的良性循环；讨论政府责任时，引申出"生态文明"的概念，强调生态文明建设在可持续发展中的重要性。

第六，整合引申内容，形成完整的文章。将所得的内容有机整合，构建文章的结构和框架。同时，注意保持文章的逻辑性和连贯性，确保引申内容与主题紧密相连。

用引申方法解决写作问题，是一种深度思考和创造性拓展的过程。

通过引申，我们将原本单薄的写作内容进一步丰富，挖掘出更多的讨论点和深度。同时，引申也有助于我们发现新问题和新领域，为更深入思考与探索提供方向。

（三）扩充技术

扩充是一种纵向的思维过程，注重对已有信息的深入理解和分析，通过添加新的内容或解释，丰富和深化对信息的理解，或者增加更多的细节和层次。

1. 扩充的内容

第一，概念的扩充。

指深化对某一概念的理解，扩展其内涵和外延。涉及对原有概念的重新解读和重新定义，容纳更多的信息和元素。

对某些概念来说，只有联系相关事物的特点，通过认真分析，抓住那些真正起作用的实质性的东西，才能找到进行扩充的有效途径。

具体做法如下：

（1）将特定概念与其他相关或相似概念进行比较和对比，揭示它们之间的共性和差异，有助于我们更全面地理解概念，并发现新的关联和视角。

（2）了解概念的历史演变和文化背景，探究其在不同时代和文化中的内涵和变化，理解概念的多样性和发展脉络。

（3）通过跨领域的思考，探索概念在不同领域或学科中的应用和表现，发现概念新的意义和价值，并拓宽其应用范围。

（4）通过案例分析，将概念与实际情境相结合，更直观地理解概念的应用和实际效果，发现其中的问题和挑战。

（5）运用创造性思维方法，例如：头脑风暴、逆向思维等，对概念进行新的解读和重构。有助于我们发现概念的新颖性和创新性，提出新的观点和见解。

第二，对象的扩充。

通过关注更多样化的对象，我们可以获取更丰富的信息和视角，拓宽思维的边界，将思维扩展到更广泛的事物或领域中。例如：分析热点事件时，我们一般会将注意力放在主要人物身上。有时，我们还需要将思维对象扩充到其他相关的人，有时，我们不仅要关注谁出现了，谁说了或做了什么，还要关注谁应该出现却没有出现，反常现象的原因是什么，从而得到对事件的全面和准确的认识。

第三，方法适用范围的扩充。

指探索和应用更多的思维方法和技术解决问题。包括学习新的思考工具、掌握不同的分析方法、运用创新的思维策略等。

当我们在某个特定情况下获得成果或方法后，应当再看看这些方法或成果能不能在其他地方也用得上。从特殊到一般，是提升我们理解和应用能力的好方法。在思维和认识领域中，主动设法扩充在特定条件和场合下对特殊事物类别所获得的成果和所应用的方法的适用范围，能发挥重要的作用。

第四，视角的扩充。

指从不同的角度和层面看待问题。通过转变思维的角度，我们能获得全新的认识和理解，发现之前忽视的信息和可能性。有助于打破思维定式，激发创新思维。

第五，情感与态度的扩充。

指涉及调整我们的情绪和心态，以更开放、积极的心态面对问题和挑战。保持积极的心态和情绪平衡有助于我们更好地应对压力，激发创新思维，并保持持久的思考动力。

2. 扩充的方式方法

第一，减少限制。取消对原有研究对象所作的某些限制，解除某些约束，而将考察的范围扩充到更广泛的对象类别。例如：研究对象是某种特定的金属材料，研究者可能对其物理性质、化学性质以及应用领域进行了深入探究。然而，通过取消一些限制，我们能将研究范围扩充到更广泛的材料类别。我们可以取消对材料类型的限制，将研究对象从金属材料扩展到非金属材料，如塑料、陶瓷或复合材料等。这样做能让我们比较不同材料之间的性能差异，发现新的潜在应用，并推动材料科学的进步。我们也可进一步解除对材料形态的限制，将研究对象从固态材料扩展到液态或气态材料，探索其在不同领域中的应用可能性；我们还可以解除对材料尺度的限制，将研究范围从宏观尺度扩展到微观或纳米尺度，通过研究材料在微观层面的结构和性质，揭示出更多关于材料性能的基本原理，并为材料设计和改进提供新的思路。

第二，增加角度。鼓励从多个不同的视角和层面看待与分析问题，打破思维定式，发现之前可能被忽视的信息和解决方案。例如：解决一个商业问题时，从财务角度考虑，同时，从市场、技术、用户体验等多个角度进行分析。

第三，增加新元素。在科学研究或哲学思考中，对现有理论进行修正或添加新元素，解释更多现象或解决更多问题。在写作思维中，添加新元素扩展思维同样是一种有效的方式。例如：我们撰写一篇关于"未来城市"的文章。初始阶段，我们可能主要关注城市的基础设施、人口增长以及环境保护等方面。为了使文章内容更丰富、更具创新性，可以考虑添加一些新元素来扩展写作思维。我们可以引入科技元素，探讨未来城市如何利用先进的技术改善居民的生活质量。我们可以考虑文化元素，分析未来城市在保持传统文化的同时如何融入新的文化元素。通过描述未来城市的文化景观、艺术活动和节日庆典等，使文章更具人文色彩和情感共鸣。可以添加社会元素，描述未来城市如何构建和谐的社区关系，提高居民的幸福感和归属感，让每个人都能在城市中找到自己的位置和价值。这种思维扩充不仅有助于提升文章的质量和水平，还能够拓宽我们的写作视野和表达能力。

第四，跨领域融合。将不同领域的知识、方法和技术融合，产生新的思维火花和解决方案。这种跨领域的思维方式能帮助我们发现新的机会和突破方向。例如：在医学领域，通过将生物学、化学、物理学等多个学科的知识融合，推动医学研究的进步发展。

第五，本质属性提炼与范围扩充。抽取研究对象的本质属性，撇开与具体表现形态关联的非本质属性，是扩充研究对象范围的一种关键策略。这种方法的目的是更深入地理解对象的本质，超越其表面的、非核心的特征。例如：研究教育对象。识别教育的本质属性是第一步，可能包括传授知识、培养技能、促进个人成长和社会发展等。这些属性定义了教育之所以为教育的核心特质，不论其具体的表现形式或实施环境如何变化。相对地，教育的非本质属性可能包括特定的教学方法、教学材料、教育体制的结构等。这些属性对教育的实施和效果有影响，但它们不是教育之所以为教育的根本要素。它们可能因文化、地域或时代的不同而有所差异。

在扩充研究对象范围的过程中，关注教育的本质属性，而不是局限于特定的非本质属性。意味着我们将研究的视野扩展到各种不同的教育形式和环境，例如：传统课堂教育、在线教育、非正式教育等。通过这种方式，更全面地理解教育的本质和普遍规律，而不仅仅局限于某一种或几种具体的表现形式。这有助于我们超越表面的差异，发现不同教育形式之间的共同点和内在联系。同时，它也有助于我们识别并应对教育中普遍存在的问题和挑战，提出更具普遍性和可行性的解决方案。

第六，互补式扩充。科学技术的研究领域中广泛存在着彼此对立又互为补充的因素、性质和趋势。在对立的两方之间，通过一方的扩展或转变，实现对另一方的补充和完善，可以称为互补式的扩充。不仅有助于消除对立双方的矛盾和冲突，还能够促进双方的融合和统一，推动整个领域的进步和发展。例如：物理学领域的研究，波动性和粒子性是光的两个看似对立的基本性质。最初，科学家对于光的本质存在激烈的争论，一派认为光是波动，另一派则坚持光是粒子。然而，随着量子力学的发展，人们逐渐认识到光既具有波动性又具有粒子性，即所谓的"波粒二象性"。这一互补式的扩充不仅解决了之前的争议，还为理解更复杂的物理现象提供了新的视角。

在写作过程中，互补式的扩充能使文章更具深度和广度。阐述一个观点或现象时，我们介绍其对立面或相关因素，并分析它们之间的相互作用和影响。同时，利用对比、类比等修辞手法，突出对立因素之间的互补性和联系，加深读者对问题的理解。在社会科学、经济学、心理学等研究领域，存在着许多对立但互补的因素和趋势。例如：自由与秩序、竞争与合作、个体与集体等对立概念，在实际应用中需要相互补充和协调，实现社会的和谐与发展。

第七，举一反三式扩充。事物总是彼此联系、相互沟通，具有内在的统一性。如果一事物具有某种属性，则与之相关联、相类似的事物可能具有相同或相近的属性。通过某种途径、运用某种方法，在一事物中认识到了某一因素，揭示了某种规律性的联系，那么采用相近的方法和途径对与之相关联、相类似的事物进行考察，研究这些特性、规律和联系是否仍然存在，一般能够见效。在思维扩充的语境中，"举一反三"恰好体现了认识和理解一个事物的属性或规律，推导出与之相关联、相类似的其他事物也可能具有相同或相近的属性或规律的过程。通过举一反三式扩充，我们能将原本局限于某一地区、某一问题的研究，扩展到更广泛的地域和领域，提升思考的深度和广度。

综上所述，思维扩充是一个综合性的过程，它涉及概念、研究对象、方法、视角、知识、情感与态度等多个方面的扩展和深化。不断扩充思维，可提高认知能力，拓宽视野，激发创新思维，更好地应对复杂多变的世界。

3. 扩充的性质与作用

思维扩充，实际上是深化理解和拓宽知识边界的过程。在特定情境下，我们运用抽象、类比、变更和转换等多种手段，对既有的理论和认识成果进行扩展。这并非盲目扩展，而是有一定的目的性和任意性，旨在挖掘更多潜在的价值和意义。例如：数学中的群、环、格、域的研究，这些概念在初始阶段可能仅局限于特定领域或问题，随着研究的深入，开始发现它们之间的内在联系和共同性质，从而将它们进行抽象和归纳，形成更为普遍和广泛的理论体系。这一过程正是扩充的具体体现。

扩充的重要特征是建立在原有认识成果的基础之上。扩展并不是对原有知识的颠覆或否定，而是在其基础上的延伸和拓展，本质上是一种知识量的增长和应用范围的扩大，使我们能更好地理解和应对复杂的问题和现象。

在扩充时，一致性原则是一项基本原则。这意味着我们在扩展知识边界的同时，必须保持与原有知识的内在一致性和逻辑连贯性。只有这样做，扩充才是有意义的，才能真正推动科学的发展和进步。扩充的意义在于不仅能推动知识的增长和丰富，还能促进我们对事物本质的更深刻认识。每当人们的认识获得突破，提出能够更正确地反映事物本质的新概念、新原理时，成果的适用范围一般会迅速扩大，与之相关的知识内容也开始迅速丰富起来。

（四）映射技术

映射，数学中指的是两个集合之间的元素对应关系。在更广泛的意义上，映射理解为将某个领域的概念、数据或想法转换到另一个领域的过程，帮助建立内在联系，理解事物之间的关联和更深层次的含义。例如：在写作过程中，映射作为一种思维扩展的工具，帮助作者将不同的想法、概念或数据关联起来，产生新的观点。

如何通过映射扩展思维的几个步骤：

第一，确定映射的源和目标。确定我们想要映射的源概念或数据，可以是一个具体的主题、问题或观点。然后，确定我们想要映射到的目标领域或框架，这个可以是与源概念相关的其他领域，也可以是一个全新的领域。

第二，建立映射关系。分析源概念或数据与目标领域或框架之间的潜在联系。寻找它们之间的相似性、差异性或互补性。基于这些联系，建立源概念或数据与目标领域或框架之间的映射关系。

第三，探索新的观点。建立了映射关系，我们开始探索新的观点。考虑源概念或数据在目标领域或框架中的新应用、新解释或新理解，通过对比和结合两个领域的知识和观点，可能会发现一些之前未曾注意到的联系或启示。

第四，验证和完善。得出新的观点后，应当验证和完善。检查映射关系是否合理，新的观点是否有充分的依据。如果需要，可以回到源概念或数据，重新建立映射关系，或引入更多的信息来完善观点。

总之，映射作为一种思维扩展工具，帮助作者将不同的想法、概念或数据关联，产生新的观点。在写作过程中，合理地应用映射方法，作者能拓展自己的思维，发现更多的可能性，提升文章的质量和深度。

在写作过程中，概念映射和事物映射是相互区别和关联的思维扩展方法。

1. 概念映射

概念映射，指将不同概念、理论或观点联系起来的过程，揭示它们之间的关系、相似性或差异性。

其主要步骤如下：

第一，确定核心概念。确定要探讨的核心概念或理论，通常是文章的主题或关键论点。例如：我们探讨创新在当代社会的重要性时，核心概念可确定为"创新"。

第二，收集相关概念。收集与核心概念相关的其他概念、理论或观点，可以是已有理论、学派、观点等。收集与"创新"相关的概念时，我们可写出很多相关概念，比如：技术进步、经济发展、文化多样性、社会变革、创造力、思维模式、教育体系、政策支持等等。

第三，建立联系。分析这些概念之间的关系，找出它们之间的共同点、差异点或互补性。可使用图表、思维导图或文字描述建立联系。

第四，深化理解。通过对比和结合这些概念，深化我们对主题的理解，可发现一些新的见解或启示。

通过概念映射，我们可深化对"创新"在当代社会重要性的理解。创新不仅是一个技术或经济概念，还涉及文化、教育、政策等多个方面。创新是推动社会进步和发展的重要动力。

第五，整合写作中。将概念映射结果整合到文章中，使作者的观点更具说服力和深度。我们可将原本分散的概念联系起来，形成一个关于"创新"的完整而深入的理解，使我们的文章更具说服力和深度。

2. 事物映射

事物映射，指将不同事物、现象或实体联系起来的过程，发现它们之间的潜在联系和共同点。

其主要步骤如下：

第一，确定核心事物。确定我们要探讨的核心事物或现象，可以是一个具体的物品、事件、人物等。

第二，收集相关事物。收集与核心事物相关的其他事物、现象或实体，可以是与核心事物有共同特征、功能或历史背景的事物。

第三，比较和对比。分析事物之间的相似之处和差异性，可以使用表格、图表或文字描述来记录这些比较结果。

第四，发现潜在联系。通过比较和对比，可能会发现这些事物之间存在一些潜在的联系或共同点，能够为我们的文章提供新的视角或启示。

第五，整合写作中。将事物映射结果整合到文章中，使我们的描述更具深度和广度。

无论是概念映射还是事物映射，一般都具有明确的对应关系，即领域之间每个元素在映射过程中都有明确的对应元素。映射的关键在于建立一个清晰的联系网络，并从这个网络中提取有价值的见解。

例如：茅盾写作《白杨礼赞》时，就使用了映射的方法，将白杨的特点与北方的军民关联起来。映射，也可理解为一种比喻或象征的思维方式，即通过将白杨的某些特点与北方军民的特质逐一对应，进行关联，建立起一种类比关系，将白杨的坚韧、挺拔、不畏风霜等特性，映射到北方军民的身上，颂扬他们对艰苦环境的适应、对困难的坚韧不拔以及对国家和民族的忠诚。通过这种映射方法，茅盾丰富了文章的形象表达，深化了文章的主题内涵，使读者通过对白杨的描写，更好地理解和感受到北方军民的精神风貌。

映射是一种强大的思维工具，可以帮助我们将不同的事物联系起来，发现它们之间的潜在联系和新的思考角度。

案例：将《三国演义》映射到教育或管理实践中。

第一，识别关键主题和元素。这些主题和元素可能与教育或管理有共通之处。例如，《三国演义》中的领导才能、战略规划、团队协作、人性管理、权力运作等，都是教育和管理领域同样关注的重要议题。

第二，将这些主题和元素与教育或管理的具体情境进行对应。然后深入分析这些映射关系，探讨《三国演义》中的智慧如何应用于现代教育或管理实践。可以借鉴《三国演义》中的诸葛亮、曹操等人物的领导风格，探讨如何提升校长或企业领导者的领导力，或者通过分析三国时期的战略规划案例，指导学校或企业制订更为合理的发展规划。

第三，将这些映射结果和实际应用案例整合，形成一套完整的教育或管理方法论。这套方法论包括领导力培养、团队协作策略、战略规划方法等多个方面，为现代教育或管理实践提供有益的借鉴和指导。

需要注意，事物映射并不是简单的类比或联想，需要基于一定的逻辑和深入分析。在映射过程中，我们需要确保所关联的事物之间具有内在的联系和合理性，避免产生误导性的结论。

三、系结技术的优势与局限

系结技术的优点主要体现在以下几个方面：

第一，组织结构清晰。系结技术对信息进行分类、筛选和整理，使其更有逻辑性和条理性。信息呈现方式有助于读者更清晰地理解。

第二，提高信息理解度。通过合理的组织和结构，帮助读者更好地理解和接受所传达的信息，提高了信息的可接受度。

第三，增强信息稳定性。经过处理的信息，其内在的逻辑性和条理性，更具有稳定性和可信度。

系结技术存在的主要缺点：

第一，过于依赖框架。可能会使思维僵化，限制了自由联想和创造性思维的发挥。

第二，可能忽略细节。在整理和组织信息时，可能忽略一些细节信息，导致信息的完整性受损。

第三，需要预先计划。需要预先计划和安排信息的逻辑结构，可能需要额外的时间和精力。

本章回顾

联结技术，主要包括联想、想象、类比、演绎等方法，帮助将不同的概念、想法或信息点联系在一起，促成新的认知和理解的形成。从某种意义上说，在写作过程中，思维的一项最主要的任务就是要揭示存在于现实世界中的各种联系和关系，使相应事物彼此沟通起来。内在联系是指事物之间相互联系、相互作用的关系。在思维沟通中，揭示内在联系能帮助人们更清晰地理解事物之间的关联，更有效地交流和沟通。

系结技术，主要包括归纳、逻辑推理、隐喻、引申、映射、普遍性等方法，建立在已有的联结基础上，进一步确保思维的连贯性、稳定性和逻辑性。

联结技术和系结技术，在认知领域中扮演着不同又相辅相成的角色。联结技术帮助扩展认知领域，建立新的联系和理解；系结技术有助于在这些联系的基础上建立稳固的认知结构，确保思维的连贯性和逻辑性。

逻辑推理、类比、隐喻、联想、想象、引申、映射、归纳、演绎、普遍性等方法，在帮助"联结"和"系结"过程中发挥重要作用，促进认知的发展和理解的加深。这些方法相互交织，共同构建了认知结构和思维模式。

将事物视为系统，关注其相互作用，可洞悉整体与内在联系；运用逻辑推理分析，可清晰展现事物间的逻辑链条；借助图表展示信息，能直观呈现事物关联；辩证法强调事物间的联系、制约与转化，能指导我们深入理解本质，推动理论创新与新学科建立。

第三篇

如何深刻
——探寻本质，解决问题

　　思维的深刻性从"质量"或者"纵向"的角度反映思维的品质，特点是指思考问题时能够穿透事物表象，触及核心，精髓在于探寻问题的本质，高效解决问题。它要求我们思考问题时，要做到去粗取精、去伪存真，由此及彼、由表及里，抓住事物的核心和本质。

　　思维是否深刻，应当从思维活动的抽象程度、逻辑水平、问题挖掘的深度、系统性和全面性、预见性和创新性等方面判断。提升思维深刻性的关键在于运用概括提炼、抽象思维、据象求意等方法探寻本质，同时聚焦核心、全面考虑并持续迭代改进。概括提炼是从具体信息中提炼出共性特征，形成一般性的概念和规律，提升思维的抽象层次。抽象思维是超越表面现象，深入事物内部，理解其本质属性和内在联系，使思考更加深入透彻。

第六章　概括技术

思维是智力和能力的核心，概括是思维的基础。

概括，首先是一种思维方法，是在思维中把从事物中抽象出来的共同本质特征综合起来，推广到所有同类的其他事物上去，形成关于这类事物的普遍概念的方法。

概括，也是一种抽象和推广的思维过程，既是对材料的梳理过程，也是思维清晰和抽象凝练的过程，是概念提升和思想形成的过程。

概括是抽象的中间过程之一。没有抽象就不能进行概括。大脑在抽象和概括时，要注意舍弃次要的、非本质的属性，将主要的、本质的属性抽取出来，通过概括形成概念，使之代表同类事物的全体。

根据概括的抽象程度，可将概括分为初级概括与高级概括。

初级概括，是在感觉知觉和表象水平上的概括，能够把握事物的表面特点，但提纯"浓度"不够。一般的概述、概论都在这个层次，但是还没有形成概念。概述，即概括陈述，将事物的特征归结在一起，简单扼要予以表述。概括的要旨在于归纳和扼要。概述是归纳概括的结果。概论，即概括的论述，是大概地叙述事情发展过程和现实状况，对文章或事物进行概括表达。

高级概括，是对事物的内在联系和本质属性进行的概括，旨在形成概念或命题。概念是人脑将所感知的事物的共同本质特点抽象出来予以概括的结果，是人脑对客观事物本质的反映，是思维的产物，这个结果和产物是以词语来标示和记载的，一经产生，又将成为思维活动的基本单元。

高级概括以形成概念为起点或标志，要么创造了新的概念，要么沿用或化用相关概念，将对象归结到已有的概念中，形成命题或论断。命题是更为高级的概括，不仅提出了概念，用抽象出来的概念进行思维和推理，还进一步找到了概念之间的联系与制约关系，从而形成论断。

第一节　要点式概括，形成要点

我们在中学时代，常常被语文老师要求概括文章内容要点、故事情节、中心思想等。此处的"概括"，更多的是要求将具体的、繁多的内容，用简洁、明确的语言表达出来。在工作和生活中，我们遇到纷繁复杂的多信息问题，遭遇各类新闻事件（信息）的轰炸，必须对纷繁复杂的信息予以整理和概括。这些概括的抽象程度要求不高，有的甚至还停留在感性层面，只是简单概括，而非本质的概括。我们将这种概括称为初级概括，或者叫要点式概括。

如何概括信息、提炼文章思想内容呢？基本的方法是进行要点式概括。首先要将复杂的各类与该事件相关的信息进行整理。这里要运用一些方法，包括如何收集信息、分类整理、概括提炼和归纳总结，如何将零散的新闻背景与事件碎片分门别类，组合复原，达到让思维由零散到整合、由具象到抽象、由无序到有序的目标。在阅读写作中，这个过程包括了解背景确定目标，收集信息找出关键，依据标准进行分类，合并同类概括要点，抽象提炼形成概念，等等。

一、弄清问题的背景

问题的背景材料，是用来解释说明问题矛盾的其他各种事实材料，包括问题事件过去情况、原因、环境、主客观条件等直接材料，也包括其他类似事实或反面事实等参照材料，还有相关问题的知识性材料。

要发现和提出问题，一般首先要弄清问题产生的背景，便于厘清问题的来龙去脉。我们在思考问题背景的时候，应当关注不同的层面，例如：从时代、个人、社会现实等多个方面去思考。观察的面越广，思考的层次越多，越能挖掘问题的真相，越能找寻到问题的本质所在。同时，了解问题背景的过程也是发现问题和提出假设的前奏，是确定提问的对象、范围，确定思考方向的必要准备。

二、尽可能充分占有信息

在进行概括总结前，需要收集足够多的信息，做到"胸中有数"。收集信息的原则有：第一，可靠性原则。保证信息的真实、可靠。要对收集到的信息反复核实，不断检验，力求把误差降到最小。第二，全面性原则。要求收集到的信息内容广泛，全面完整。第三，时效性原则。只有将信息及时迅速地提供给它的使用者，才能有效地发挥作用。第四，准确性原则。收集的信息要与应用需求密切相关，且表达准确。第五，易用性原则。收集到的信息应具有适当的表现形式，便于使用。收集信息的方法很多，有调查法、观察法、实验法、检索法等等。

（一）调查法

为达到设想的目的，制订某一计划，收集研究对象的各种材料，作出分析和综合，得到某一结论的研究方法，就是调查法。目的是全面把握当前的状况，为了揭示存在的问题，弄清前因后果，为进一步的研究或决策提供观点和论据。调查法是科学研究常用的方法之一，调查时要明确调查目的和调查对象，制订合理的调查方案，如实记录，对结果进行整理和分析，有时还要用数学方法进行统计。常用的调查方法有普查法和抽样法等。调查法的特点是以提问的方式要求被调查者针对问题进行陈述。根据研究的需要，向被调查者本人作调查，也可向熟悉被调查者的人作调查。可书面调查，也可口头调查。调查法能够收集大量资料，使用方便，效率高。

（二）观察法

研究者根据一定的研究目的、研究提纲或观察表，运用自己的感官和辅助工具，直接观察被研究对象获得资料的一种方法。科学观察具有目的性、计划性、系统性和可重复性。常见的观察方法有：核对清单法、级别量表法、记叙性描述法等。观察一般利用眼睛、耳朵等感觉器官去感知观察对象。人的感觉器官具有一定的局限性，观察者一般要借助各种现代化的仪器和手段，例如：照相机、录音机、显微录像机等。

要求：

（1）养成观察习惯。形成观察的灵敏性，集中精力全面、多角度进行，观察与思考相结合。

（2）制订好观察提纲。观察提纲供观察者使用，应力求简便，只需列出观察内容、起止时间、观察地点和观察对象即可。还可制成观察表或卡片。

（3）按计划（提纲）观察。做好详细记录，整理、分析、概括观察结果，得出结论。

注意以下原则：

（1）全方位原则。运用观察法进行社会调查时，应尽量从多方面、多角度、不同层次进行观察，收集资料。

（2）求实原则。密切注意各种细节，详细做好观察记录。确定范围，不遗漏偶然事件。积极开动脑筋，加强与理论的联系。

（3）遵守法律和道德原则。

（三）实验法

按照某种因果假设设计，在高度控制的条件下，通过人为操纵某些因素，检测两个现象之间是否存在着一定因果联系的研究方法。作为特定的研究方式，实验法涉及三对基本要素：自变量与因变量，前测与后测，实验组与控制组。

（四）检索法

为达成检索方案中的目标所采用的具体操作方法和手段的总称。检索方法很多，应根据检索系统的功能和检索者的实际需求，灵活运用各种检索方法，达到满意的检索效果。检索法包括顺查法、折叠倒查法、折叠抽查法、追溯法、浏览法等。

三、将信息分类整理

收集到的零散信息，一般应当合理分类，便于分别存放和使用时的调取，为以后的概括总结提供有力支持。

分类，指以事物的性质、特点、用途等作为区分的标准，将符合同一标准的事物归类，不同的分开。分类是事物高度有序化的过程。简而言之，将表面上杂乱无章的事物，整理得井然有序，极大地提高了认知效率和工作效率。

分类，要有一些标准，例如：按时间的先后顺序分，按行业分，按地区分，等等。分类主要有两种方法：第一种，外部分类法，指依据事物的外部特征进行分类。例如：各种商品分门别类地陈列在不同的柜台上，这种分类方法称为外部分类法。第二种，本质分类法，指根据事物的本质特征进行分类。例如：生活在海洋中的鲸鱼，体型像鱼，但它不属于鱼类。将鲸鱼归入哺乳类，是根据本质进行的分类。

新闻事件的分类整理中，一般从事物的本质分类以及从对待新闻事件的潜在态度进行分类。在此基础上，概括总结观点。

四、概括中心意思

"概括"一词在《现代汉语词典》中还有一个义项，即"简单扼要"。例如：阅读文本时，概括文章中心意思的步骤是概括、提炼、简化。

（一）概括内容

概括材料的大意或含义。要全面分析给定材料，应当化繁为简，对材料进行概括，使材料的主要线索和重点清晰明了。

（二）提炼要点

概括的材料有了一定的内在逻辑，但不能完全呈现材料的中心观点，我们应当对概括的材料的要点进行再提炼，达成去粗取精的目标。再提炼的过程，即再次审视概括的内容，对材料内容重新组合，对材料内容解释说明，从材料中提炼观点、论据或标题、中心等。在提炼过程中，应当抓住文本中的重要词语或句子，这些句子包括：揭示主旨、中心、观点、情感的语句；揭示段意的重要句子；揭示脉络层次的语句；在文本中具有深刻含义的句子。有些文本运用了比喻、象征等手法，应当注意体会其中的隐含信息。

（三）加工简化

对要点加工简化，是凝练思想、形成观点、呈现思考成果的前提。要点加工从两个方面进行，一是内容，二是形式。通过内容和形式两方面的加工，达成要点的最佳呈现。

阅读概括方法主要有以下几种：

1. 要素串联法

文章由很多要素构成，不同的文体要素不同。写人记事的文章，一般有时间、地点、人物、事件（包括起因、经过、结果）六个基本要素。将这六个基本要素弄清了，用词语串联起来，即文章的主要内容。

小说有人物、情节、环境三要素，分别以人物连贯、情节连贯、环境连贯概括内容。人物连贯抓住人物的主要行为与思想动力进行行为连贯、细节连贯、情感连贯。情节连贯以分析结构和线索进行结构连贯、线索连贯。环境连贯抓住环境和场面进行环境连贯、场面连贯。

结构连贯是厘清小说的结构层次，按小说的叙述顺序，情节发展中"开端、发展、高潮、结局"的结构进行脉络梳理。

线索连贯要勾画关联线索的语句，抓住文章线索。线索是串联小说的人物、事件、物、感情、时间和地点等。抓住线索，就能围绕线索概括出情节发展的各个阶段内容。例如：《项链》的情节构成为借项链→丢项链→还项链→识项链。

场面连贯是指要抓住小说重要场面（人物活动的重要场所）进行梳理，有些小说中一个场面就可梳理为一个情节。例如：《林教头风雪山神庙》的情节构成为酒店遇故交→市场买刀寻仇人→看管草料场→山神庙复仇。

议论文有论点、论据、论证三要素，可以抓住论点结合论据、论证进行串联概括。

说明文有说明对象、方法和顺序，抓住这些要素概括，事半功倍。

有些比较复杂的文章，可依据文体概括，也可依据概括要求抓住文章的主要人物特点和行为、重要事件的过程和步骤予以概括。

过程概括法，适用于有时间顺序和事件过程的文章，可概括过程进展。概括模式：总述句+阶段1+阶段2+阶段3+政策升华句。

2. 主体概括法

适用于内容复杂、参与主体较多的文章，或者用于多个主体共同参与一个事件。主体是文章中事件参与的主要人物或主要单位名称。

概括模式：总括句+主体行为1+主体行为2+主体行为3+政策句。

例如：要对如何共建智慧城市进行概括，总括句为"智慧城市多方共建"，多方包括政府、企业、科研、公众等。主体之一是政府，行为是提供规划、资金、监管；主体之二是企业，行为是提升技术与建设；主体之三是科研，行为是支持与创新；主体之四是公众，行为是积极参与和反馈。总之，要合力推动智慧城市发展。

依据主体概括法，可概括为：智慧城市多方共建，由政府规划、资金支持，企业建设，科研机构创新，公众参与，多方共同推动发展。

3. 段意合并法

有些文章没有典型段落，也没有关键语句，我们要学会提取关键词，归纳出段落大意，最后合并段意概括出文章主要内容。其中的关键是提取关键词。

4. 关键词句法

文章的总起句、过渡句、总结句、中心句、关系句，一般提示了全文的中心内容，摘录这些概括性语句，能概括出文章主要内容。首先要筛选出语段中的关键句，有的语段中有总领或总结的概括性中心句，有的语段中会有针对核心话题的核心陈述句，这些关键句是打开文章主旨的金钥匙。

关系句，指使用关联词揭示不同关系的句子。关联词不同、句子的关系不同，意思的轻重也不同。关系句的分析，可根据关联词不同和位置不同进行判断。

关系句有总分关系：一般总起的一句是主句，先概括写，再具体写。可用总起的概括句做段落大意。

关系句有因果关系：一般"果"是段意。

有转折关系的段落：要抓住转折部分的内容。

有递进关系的段落：要抓住递进部分的内容。

有正反关系的段落：一般概括正的内容归纳段意。

关系句作为过渡句：承上句是上一段的段意，启下句是下一段的段意。

写事情的起因、结果的段落：一般要抓住结果归纳段意。

问答形式的段落：可抓住问题的答案归纳段意。

关系词句法也称标志法，有时把文章中出现频率高的词汇罗列出来，结合文中事实将它们串联起来，也能更好地概括内容。

5. 问题概括法

我们写一篇文章，一般是围绕一个中心，抓住几个问题，按一定的顺序写。抓住主要问题寻找答案，只要问题回答出来，就能概括主要内容。

6. 标题追溯法

标题是文章的眼睛，有些标题要概括文章的核心内容，我们可根据标题阅读，只要将标题加以扩展就可概括出课文的主要内容。例如：以人名命名的文章，主要看人物"做了什么事"；以物名命名的文章，主要看"怎么样"；以地名或中心事件命名的文章，主要看"发生了什么事"。

7. 取主舍次法

分清事件的主次，根据主要内容进行概括。

五、防止笼统浮泛

概括，是为了形成普遍性的认识，应当尽量防止认识笼统浮泛。抓住事物的特殊性，要注意将结论予以必要限制，在把握特殊性的基础上，对概括中形成的认识加以准确的限制是非常重要的。

对所形成的论点予以限制，可从多方面进行。例如：第一，量的限制。区别"个别""少数""一些""许多""多数""绝大多数"和"全体"等用语的使用。第二，态度的限制。区别"肯定""基本肯定""不完全肯定""可能""不能肯定"等用语的使用。其他还要注意时间、地点、条件等方面的限制。既追求广泛的普遍性，又要加以严密的限制，即概括中要遵循思维的辩证法。

第二节 概念式概括，形成概念

科学研究活动，很少有现成的答案。我们应当收集大量的经验事实，在阅读和分析前人研究成果的基础上，亲自观察、实验，获得第一手资料，应用概括的方法抽象提炼。

科学研究中的概括往往抽象程度更高，力求直指对象的本质。不妨称这种概括为理性概括，或者概念式概括。

概念式概括通过分析、抽象，将事物的共同特点归结在一起形成概念——包括形成新的概念，或者指向已有的通用概念。这种概括的抽象程度较高，属于高级概括。

初级概括（要点式概括）的目标是形成要点。与初级概括相比，高级概括（概念式概括）的目标是形成概念，甚至形成命题。所以，高级概括是关于概念的游戏。一方面，概念、命题都是概括的成果；另一方面，概括是概念形成的基础，是提升概念内涵和扩大外延的方法，是从具体上升到抽象的关键。没有深入认识事物的本质，没有一次又一次的抽象提炼，要抽象出内涵丰富、表达简洁的概念是很难的。

一、概括的客观性与主观性

概括是事物在头脑中的思维抽象，一方面要以事物为对象，紧扣事物特点抽象与提炼，具有客观性，不是无中生有，脱离实际；另一方面，概括要依靠人的大脑，依据概括者对事物的认识与预见进行，必然存在概括者的主观色彩，受概括者的兴趣、疑问、好奇心或某种目的制约，因而概括者或多或少会以自身的需求为基础去看待客体、对待客体，概括必然具有主观性的特点。

例如，对四大名著的不同概括，不同的着眼点，会有不同的结果：

基于思想内容概括，有人说《红楼梦》是写贵族兴衰，人情冷暖；《三国演义》是写天下争夺，智谋韬略；《水浒传》是写官逼民反，替天行道；《西游记》是写惩恶扬善，历难成佛。

基于主题概括，有人发现（认为）四大名著是中国人的四种修行：《红楼梦》的主题是情；《三国演义》的主题是争；《水浒传》的主题是义；《西游记》的主题是悟。读《红楼梦》过情关，问世间情为何物？读《三国演义》过争关，反思人到底争个什么？读《水浒传》过利关，自问我们的仗义去哪了？读《西游记》过欲关，自省觉悟还是执迷不悟？

还有人从人物出发概括，得出《红楼梦》写女人们，《三国演义》写男人们，《水浒传》写爷们，《西游记》写人和动物们。有人从人物行为出发，概括出《西游记》写走，《红楼梦》写哭，《水浒传》写打，《三国演义》写谋；或者说《西游记》是洞中打架，《红楼梦》是家里打架，《水浒传》是朝廷打架，《三国演义》是遍地打架。有人从问题解决的角度概括，看《西游记》是俺们天上有人，《红楼梦》是俺们朝廷有人，《水浒传》是俺们江湖上有人，《三国演义》是俺们有的是人。

以上这些概括都以四大名著为基础，认识不同，概括结果不同，出发点不同，得出的答案也大相径庭。概括者可以发挥自己的主观能动性，一方面基于文本事实的认识，另一方面基于各自的目的性。概括各具特色，目的是为自己服务。

二、概括的类型

概括是思维的重要形式。概括将事物从特殊简化到普遍，从复杂提炼到简单，从现象深入到本质，从有形延展到无形。同时，概括能锻炼我们的大脑，容量更大，思路更清晰，思维更高效。

概括的类型很多，不同的视角有不同的划分。按数量划分：独体概括、同类概括与不同类概括；按属性划分：性质概括、关系概括、价值概括；按抽取方式划分：合取概括、或取概括、舍取概括、类取概括、意取概括；按方法划分：从特殊到普遍的概括，从现象到本质的概括，从复杂到简单的概括，从有形到无形的概括。

（一）独体概括、同类概括与不同类概括

依据概括事物的多少，我们将概括分为对单个事物的概括，对多个

事物的概括。

对事物属性的概括聚焦于单个事物，旨在对事物的内部特征进行分析与提炼。对单个事物的概括即对事物独体或整体的概括，需要抓住事物的整体特征。事物的特征主要体现在成分、构造、形态、性质、变化、成因、功用等方面。

对事物间关系的概括一般聚焦于多个相关事物，或聚焦于事物的多个部分或层次，寻找事物之间的相互联系、作用机制，达成发现规律和得出结论的目的。对多个事物的概括包括对多个同类事物的概括和多个不同类事物的概括两种情况。

对同类事物的概括一般通过归纳进行，即对这一类事物的所有个体进行考察，通过完全归纳推理，将这类事物的共同点抽取、提炼，抽象出事物的本质特征。如果事物个体太多，无法对所有的个体进行考察，可只对该类事物的部分个体进行考察，归纳该部分的共同特征，同时运用外推法，由此及彼，推测同类其他个体也可能具有这种特征。

对不同类事物的概括，概括的重点要放到考察其不同特点和相互关系上，既要关注它们的特征与异同，也要关注它们之间的关系，把握它们或相互依存，或相互促进，或相互制约的普遍联系。

（二）性质概括、关系概括、价值概括

除了按概括对象的数量进行分类外，我们还可依据事物的属性概括分类。事物的属性包括内在性质属性和外在关系属性。内在性质属性包括因素、结构、功能等内在性质；外在关系属性包括外部联系、作用等外在关系。对概括的人来说，还有一个与功能相关的价值属性。

依此分类，我们将概括分类为关于性质的概括、关于关系的概括、关于价值或功能的概括。性质概括是关于"是什么"的概括。关系概括、价值概括是关于"为什么"的概括。

1. 性质概括

性质概括，指对事物本身具有的内在特性进行的概括。一般的事实判断都是对事物"是什么"的性质概括。

内在性质概括又可分为因素概括、结构概括、功能概括。

因素概括是对事物的组成成分或影响因素的概括。

结构概括是对事物各内部因素的搭配排列和作用机制的概括。

功能概括是对事物可能发挥的作用、效能的概括。

2. 关系概括

关系概括，指对事物与其他事物的关系属性的概括，关注的是事物与事物之间的相互依存或相互制约的外在联系。关系概括，我们应当厘清事物之间的具体关系。

从作用形式划分，事物间的作用关系有依存关系、制约关系、促进关系等形式。

从外延关系划分，事物概念有全同关系、并列关系、交叉关系、组成关系。

从内涵关系划分，事物有种属关系、对应关系，条件关系等。

全同关系：A是B，B是A。例如：番茄就是西红柿。

并列关系：A和B。例如：红豆、绿豆、黄豆。

交叉关系：有的A是B，有的B是A。例如：党员与学生。

组成关系：A是B的一部分。例如：方向盘与汽车。

种属关系：A是B的一种。例如：牛与哺乳动物。

对应关系：通过一个事物联想到另一个事物的关系。例如：葡萄与红酒，学生与学生证，热水器与加热，小河与鱼，等等，分别具有材料对应、常识对应、功能对应、场所对应等关系。

3. 价值概括

价值概括，指对事物的功能、作用、意义的概括。一般的价值判断都离不开价值概括。价值属性是关系概括的重要形式，揭示的是事物与人类之间的使用关系。

性质概括、关系概括和价值概括，三者是什么关系？

一般来说，因素概括、结构概括、功能概括等性质概括多用于事实判断。事实判断目的在于探求事实的真相。关系概括多用于成因判断，是对事物与事物之间相互关系或联系的认识，即对事实出现的因果规律性作出判断。价值概括是在前两个层次概括的基础上对事物作出是非善恶或利弊得失的判断，可称之为评价性认识。

因素概括、结构概括、功能概括等是概括的事实基础；关系概括、成因概括是解决问题的关键；价值概括是概括的目的和归宿。性质概括回答了"是什么"的问题，关系概括、价值概括回答了"为什么"的问题，功能概括回答了"怎么办"的问题。三个层次的概括组合起来形成一个完整的认识过程。

性质概括和关系概括多使用描述词语或判断动词，价值概括则多使用评价性语言。

（三）合取、或取、舍取、类取、意取概括

概括，指对事物进行抽象的思维过程，抽象离不开抽取。不同的概括者对事物的认识不同，抽取的标准也不尽相同，抽取的方式也自然不同。可依据事物的共同特征、本质特征确定抽取标准，也可按概括人的目的、需求确定标准。

按概括时抽取信息的方式划分，概括可分为合取概括、或取概括、舍取概括、类取概括、意取概括。

1. 合取概括

合取法，指将抽取一类事物中的两个或多个相同属性，用合并同类项的方法作出概括。

合取时，合并的属性在概念中必须同时存在，缺一不可。例如："毛笔"这个概念必须同时具有两个属性，"用毛制作的"和"写字的工具"。在逻辑上，合取又称为联言命题，它对构成因素的所有简单命题都作了肯定，算是"联起来肯定"。合取概括时，一般做法是提取因素项，找出关系词，然后合取叠加，将诸因素串联合并。

合取时，各因素之间是叠加关系，各项同时存在时结果才能为真。具体操作可分解为以下五步：

（1）提取。将各条信息初步分类，提取关键信息，用一句话概括相应内容。

（2）提炼。将提取的那些关键信息的句子去除修饰语，只留下句子主干或关键词。

（3）合并。将这些短句或关键词罗列在一起，寻找同类项，合并重复项。

（4）组合。将不重复的各项串联成一句话或几句话。

（5）提升。通过深化认识，联系社会生活，联系工作实际，将合取的成果推广运用到更普遍的现实中。

如何判断合取的真伪？简便方法是：同真取真，其余取假，也即数学集合中的取交集。日常生活中表示合取式的语句有很多，例如："和""并且""而且""不仅如此""尽管""虽然""但是"等，有这些词时，一般意味着合取概括。

在阅读写作中，一般用到的要素综合法、关键词句法、层意合并法都是运用了合取的方法。合取概括形成的概念叫合取概念，例如：耳机、鸟类、水果、动物等都属于这种概念。合取概念的内涵比较明确，必须满足其全部内涵规定，这样关于概念的判断才能成立。

2. 或（析）取概括

或取，数学上叫析取，各个要件之间"选而取之，数者择一"。析取命题又叫选言命题，反映事物的若干种情况或性质至少有一种存在（为真）。

我们概括事物时，可依据析取关系列出某些属性或条件，建立概念来概括事物。

或（析）取法，指用"或者"的方式概括事物，即根据一定标准，将符合相关条件的多个属性或条件找出来，并列连接组成一个概念；多个属性之间是"或然"关系，只要有一个条件发生，概念即可成立。

例如：我们将"事业有成""建功立业""家庭幸福""有头有脸"等概括为"成功人士"，这就是析取概念。只要符合"事业有成""建功立业""家庭幸福""有头有脸"中的任何一条，都可看作"成功人士"。

如何判断析取的真伪？有真取真，同假取假，就相当于数学集合中的取并集。使用这个概念时，如果符合其中一项条件，那么这个概念为真。

日常生活中表示选言命题的标志性语词有"或""或者""要么……要么……""……还是……""也许……也许……"，等等。

3. 舍取概括

舍取，指舍次留主。舍，即舍弃，撇开次要因素；取，即选取，提取主要因素。舍，是为了更好地取，抓住事物的本质，追求最大价值。

事物一般有多种属性，每种属性分别体现在各个部分和多个方面，各种属性又会与其他事物发生种种联系，产生不同作用。事物的这些属性都很重要，不可或缺。从构成事物特性的角度来看，不同属性功能不同，对事物的作用与影响也不相同，为舍取提供了条件。我们概括事物时，应当揭示本质，言简意赅，必然有所舍取。舍弃那些对事物特征影响较小的成分与属性，聚焦对事物起主导作用的因素与属性。

生活中，选择无处不在，舍取考验人生。古人云："鱼，我所欲也；熊掌，亦我所欲也。二者不可得兼，舍鱼而取熊掌者也。"家事国事天下事，凡事皆有主次轻重之分。人生得失在取舍，人生最难是取舍。"取"是本事，无能之人取不得；"舍"是哲学，通悟之人方舍得。俗话说："弱水三千，只取一瓢饮。"大丈夫有所为，有所不为。因此，人生也是一个不断选择、不断舍取的过程。懂得取舍是人生大智慧。

如何舍取？作家王蒙说，在生存竞争中，在阶级斗争中，在各种各样的人际关系中，利益原则与实力原则似乎早已代替了道德原则，"善良"似乎是一个早就过了时的字眼。但王蒙却宁愿舍弃利益优先、实力优先，号召大家选择善良。在另一些智者的权衡中，一切与自我信仰不合拍的杂事、琐事、烦心事，皆属"鱼"，一切关乎生命本质的心愿、许愿、遗愿，则皆为"熊掌"。

教育专家刘墉在短文《取与舍》里写道："人生是愈取愈少，愈舍愈多。怎么办呢？答案是：少年时取其丰，壮年时取其实，老年时取其精。少年时舍其不能有，壮年时舍其不当有，老年时舍其不必有。"很多人的舍取标准都是立足现实，着眼当下，在所有能做的事里面，挑选最喜欢的，在所有喜欢的事里面，挑选现在能做的。只是这个"能做"因人而异，这个"喜欢"为视野所限。

在思维活动中，有概括就会有舍取。舍取就是去粗取精，去伪存真，去次留主，去繁就简。如何舍、如何取？判断的标准来自两个方面，一是基于事物的性质与作用；二是基于概括者的需求与目的。

基于事物性质，要研究事物本身，追寻事物本质。一方面，遵循多数原则，着眼于大多数，覆盖面尽量更广；另一方面，不忘关键少数原则，聚焦作用与影响，关注那些起重要作用的关键少数。基于概括者的需求与目的，要求概括者遵循"出发点原则"或"目标原则"，围绕概括者的需求与目的，对内容做出舍与取。

舍取的"舍"有舍多、舍少之分别。一种是非此即彼，整块舍取。如果事物有A、B两种属性，整块舍取就是舍A取B，或者舍B取A，单向舍取，全舍全取。另一种是亦此亦彼，多块砍削，多点摘取。如果事物有A、B两种属性，多向摘取是在A里摘取部分，舍弃一部分，在B里摘取一部分，舍弃一部分，都有舍有取。

舍取有规律，舍取无定法。无论人生还是艺术，无论生活还是思维，舍什么，取什么，没有标准答案。但有些做法可参考借鉴。

第一，从客观对象角度着眼，事情复杂，牵涉对象较多时，要聚焦主要人物或主要对象，忽略从属人物与无关对象；当遭遇错综复杂的多种矛盾时，要寻找主要矛盾，撇开次要矛盾；当面对影响事态进展的多种因素时，要聚焦主要因素，撇开次要因素；当研究的事物发展过程较长时，要聚焦主要阶段、主要环节、关键节点，舍弃影响不大的准备阶段、停滞阶段与缓慢发展阶段。

第二，从概括者个人的角度着眼，要聚焦于概括者的需求与目标。一般来说，两个具有对立关系而无法协调的目标中，应当舍弃一个；有两个具有主从关系的目标时，可保留主要目标，舍弃从属目标；具有并列关系而又内容近似的目标，可合并为一个综合目标；对于那些对整体决策影响不大、可有可无的目标，可完全舍弃。

舍取，大大提高了抽象概括的效率，但也可能会有损失。当我们进行非此即彼的舍取时，我们也正在为此付出其他代价，这个代价在经济学里叫作"机会成本"。机会成本，就是为了得到某种东西而要放弃另一些东西的最大价值，是为选择而付出的代价。有所得必有所失，所失就是所得的成本。

对一个人的生命而言，在这个世界上，凡是机会成本付出较少的人，就是成功者。对思维概括而言，用同样简短的语言表达，信息量损失最少，就是更好的概括；换句话说，能用最少的语言，表达最丰富的内容或思想，就是最精练的概括。广告和诗词的创作，只要是用更少的语言，传达更多的信息，引起人们更多的联想与想象，就是更好的作品。

例如：同样是写黄河的诗句，相对于"黄河西来决昆仑，咆哮万里触龙门""黄河落天走东海，万里写入胸怀间"，为什么"黄河之水天上来，奔流到海不复回"更加受人喜爱？因为，同样的字数，后者不仅写出了大河之来，势不可当，还写出了大河之去，势不可回；不仅在空间上写出了黄河的雄浑远大，而且从时间上写出了黄河的亘古流逝；不仅表达了对黄河的惊叹，也暗含了对时间的伤感。诗词用相同的字数，触及更多的维度，表达了更多的信息，引起了更多的联想，当然是更好的诗句。

4. 类取概括

类取，指从部分事物中提取共同的特征向外延伸，推广到其同类。类取概括有三种方式，一是由点及面，以类取之；二是观物取象，比类体道；三是由种及属，以属概总。

（1）由点及面，以类取之

"面"是由无数个"点"组成的，"类"是由无数的个别组成的。点和面的关系、个与类的关系，往往体现于局部与整体、个别与一般、特殊与普遍的辩证统一之中。

所谓由点及面，是将部分的、个别的、特殊的事物属性合理推理，向外推广到整体或同类中去，使之成为同类事物整体的、一般的、普遍的特征；所谓以类取之，即站在整体的、一般的、普遍的视角或立场，用类别的、普遍的概念概括事物，例如：苹果甜，葡萄甜，柚子甜，等等，概括为"水果甜"。

（2）观物取象，比类体道

取象比类，外推类取的方法，几千年前的《周易》中就有全面的应用。按《周易·系辞》所概括的，有"观物"—"取象"—"比类"—"体道"四个主要环节。先观察事物，再通过观察和感受，将对象概括为意象，这种意象反映着事物的"象"，也蕴含着观者的"意"，是对蕴含于对象中的情、理（即天道）的象征和表达。取象的过程，需要建立一套有形象意味的符号系统，利用这个符号系统比类。比类，不是简单地从个体到个体的类比（例如：鲁班从带齿的叶子划伤手，类比推理发明了锯）。概括时的比类，更多的是由个别到类别的推理，例如：由中国女排精神推广到时代拼搏精神。最后是体道，事物的本性不会直接显现，只能从事物的变化中透露道的意蕴。

中医理论中的"取象比类"，是这种推类方式的应用。先"取象"，通过望、闻、问、切，细致搜索症状，然后"比类"，将思维深化到该象的同类，用同类病理、疗法与认识来治疗。中医将诊断概括为"八纲辨证"，即围绕"阴阳表里寒热虚实"这"八纲"作出诊断治疗。

（3）由种及属，以属概总

由种及属，以属概总，运用概念作出概括。具体办法是依据所概括事物的特征确定种概念（小概念或基本概念），然后抓住这个种概念向上推理，找出其属概念（大概念或上位概念），然后用下定义等方法"以属概种"，用属概念涵盖种概念，即用事物的所属大类（大概念或上位概念）概括相对具体的小类（小概念或下位概念）。

5.意取概括

意取，指非此非彼，由表及里，观物取象，立项尽意，据象求意，创意他取。即我们在面对纷繁的概括对象，一时难以形成清晰和深刻认识的时候，概括者需要先"观物取象"，对现象作出由表及里、由此及彼的深入探究，获取物象或形成意象；然后"据象求意"，根据物象或意象的特点分析和深掘，获取它们背后隐藏的深层意蕴，深入事物内涵揭示内在事理，透过人物形象达成提取志趣与精神的目的。

意取的方法就是观物取象，据象求意。观物取象的命题包含了几层含义：第一，象是天地万物的模拟反应写照；第二，象是用来说明义理的，因此不仅是对物的模拟，更重要的是表现物的内在特征，表现物所传达出来的深刻价值；第三，观的角度是一种全面的、自由的、俯仰自得的观察方式，"仰则观象于天，俯则观法于地，近取诸身，远取诸物"；第四，"取"是一种概括的、提炼的、变化的、创造的方式。

"观"的角度常用的有两种，一是"以小观大"，着眼点是生活当中比较寻常的细枝末节，尽量展现更大的世界；二是"以大观小"，是采用一种超越的眼光，以一种宏观的角度来审视个体生命。

"取"的方式有三种，一是抽象与概括；二是解构与重组；三是创新与构造。意取，更多地采用后两种方式，即融合物象与主观心意，做出超越现实的想象表现，运用象征、移植等多种手法，创造彼此元素共生的造型或更能深刻反映本质的概括。

例如：汉字的创造。大多数汉字是通过象形、指事或形声的方法创造出来。汉字，是表意文字，寓义于形是表意文字的本质特征。汉字的最初构形与它原本要记录的词义有着必然的联系。后人在研究汉字时，往往反其道而行之，广泛使用"因形求意（义）"的方法。因形求义，指凭借对字形的分析来判定本字及其本义，这是传统训诂学的重要训释方法。

例如：中国艺术创作与鉴赏，一直有立象尽意，据象求意的理论。从创作方面分析，"山之精神写不出，以烟霞写之；春之精神写不出，以草木写之"，即"立象"。这里的"烟霞"和"草木"，就是诗人所借之"物"，称其为客观之"象"；通过"物"抒发的"情"，比如，这里的"山之精神"和"春之精神"，即为主观之"意"。作者通过所立之"象"，表达心中之"意"。因此，读者在欣赏作品时，也可反过来追寻，据象求意，通过研究作者精选和呈现出来的"象"，从而探寻该"象"之本义和作者之心意、作品之诗意。

中国当代雕塑的特点，一般是通过形象来传达观念的，"尽意"是通过"立象"的过程传达出来的。"象"的产生又是通过"观物"来实现的。

例如：南朝宋宗炳在《画山水序》中提出"夫理绝于中古之上者，可意求于千载之下；旨微于言象之外者，可心取于书策之内"的美学观点，这里提出了"意求"和"心取"的概念。如何意求？如何心取？宋宗炳没有明确解释，他说"圣人含道映物，贤者澄怀味象"，圣人以道心映照万物，贤者以虚怀体味万象。在山水画的创作中，画家"目应心会"，所绘之物既要与眼见之物一样，又要与自己内心对此物象的认识相契合，达到"神超理得""万趣融其神思"的"畅神"境界。在他看来，山水画与山水一样，其"言"与"象"本身并非紧要，紧要处在

"意求"与"心取"。内心对山水精神的求取，其目的便是宋宗炳所言的"应会感神、神超理得"，即观者应目会心，映物求意，心领神会，看到的、领悟到的与自然山水之"神"相通，与其"理"契合，旨在求"象外之意"，得"乾坤之理"，即凭借有限的视觉感性形象，在虚实结合中，诱发联想和想象，领会"象外意"以至"意外理"。

在现代写作教学中，意取的途径主要是"立象尽意""据象求意"。"象"指物象，包括事件与人物形象；意是物意、理意、心意，包括物之性、事之理、人之志与神。所立之"象"不是纯粹的自然物象，而是对自然物象的模拟、形容、象征，甚至变形加工、典型重组，"立象"本身具有了作为主观创造的特点。"象"本身并非目的，"立象"是为了表达"意"。

总之，"据象求意"法，是以事物、事件、人物形象分析为基础，通过深入发掘，提炼概括，揭示事物的规律与道理，反映人物的志趣与精神。具体来说，根据所据之"象"的不同，据象求意法使用时有不同的变化，包括由物及志，由事及理，由人及义，由景及情，等等。

三、概括的过程

如何从具体的事物中抓住关键，提取信息，概括内容，前面讨论初级概括时已经阐述。如何将初级概括的成果进一步抽象成为概念？如何把众多的小概念提炼成一个大概念？如何运用概念展开思维，达到更精练的概括，提炼有意义的思想？这些都需要抽象程度更高的概括和提炼。

"提炼"，最初是指用化学或物理方法使化合物或混合物变得纯净，或从中提取所需的东西，现在引申为文艺创作和语言艺术等去芜存精的过程，或者泛指从芜杂的事物中找出有概括性的东西。

概括的过程与境界：①占有材料（众多个别事物）；②分类整理，裁剪提炼；③形成要点（初级概括）；④升维提炼，形成概念；⑤概念思维，形成命题；⑥发现规律或得出结论。

概括是抽象过程，是从大量资料中提取最重要的东西；概括是裁剪过程，要将非本质性的特征，或者不需要的东西全部裁剪掉，留下本质的、需要的东西。同时，概括是提炼过程，是将抽取出来的精华融为一体，抓住共同特征精练表达。

概括的步骤主要包括抽取、概括和凝练。

（一）抽取——抽主舍次、提取信息

抽取，指在分析比较的基础上，从表面的、生动的、枝节性的具体材料中，将事物某一特定的方面、属性、特征和联系提取出来，在比较纯粹、单一的形态上分析。

抽取的具体操作可分解为：

第一，观察对象，获取想要的信息。对象可以是众多个别事物，也可以是事物的多个方面。

第二，分析对象特点，发现共同点。

第三，舍象，包括分离、拆开和减除。根据对象特点和个人关注目标，撇开无关的、次要的方面，略去众多的偶然性因素和无关紧要的联系。

第四，抽取和提炼。提取信息，抽取出所关注的主要东西，舍弃无关信息和次要信息。

抽取，重在撇开次要的东西，主要是分离、拆开和减除的活动。抽取，也是一种寻找主要的东西的过程，要在有关事物的众多方面、因素、属性和联系中，将主要的东西凸显、抽取出来，使之能以比较纯粹的形态显现。

（二）概括——转化融合、分类提要

概括，将抽象出来的一般特征或本质属性综合起来，辨别异同，分类整理，形成要点。特别是要抓住共同特点归类整合，初步概括形成要点。

概括的方法很多，主要有关键词法、关系法、总结法，等等。

1. 关键词法

选择关键词，用关键词作为中心审视各信息点，将已分类信息进行调整。将关键词中最重要的一些词作为每个信息点的主旨词或主旨句，其他的信息都可围绕这些主旨词句展开。如果有多个重要的关键词难以取舍，可将这几个关键词串联起来形成一两句话，体现信息内容。如果有一些信息不好分类，可按照重要性排序，先串说重要的关键词，再将其他难归类的罗列在后面，概括清晰明了，有层次。至于如何寻找关键词，虽然问题不一样，关键词并没有固定的内容，但是选择关键词有几个常用技巧：一是出现频率比较高的；二是比较抽象的大概念；三是语言表达比较规范的。

2. 关系法

指根据数量、关系概括事物的方法。根据概念反映事物属性的数量及根据它们的相互关系划分出来概念类型。例如：根据位置关系可定义"高低"概念，根据面积或体积关系可定义"大小"概念。

3. 总结法

指先找出主要信息，再找出主要信息中的主要内容，然后，将其中心思想总结出来，得出有指导性的结论。

（三）凝练——浓缩要点、定义概念

凝练主要从两个方面着手，一是思想的凝练，包括对事物特性认识清楚，对功能、意义的把握到位；二是语言表达的凝练，包括概念的准确定义，表达的简洁美观，等等。

1. 凝练思想

第一步，聚焦于对事物的分析、比较、归纳、概括，对抽象出的概念要再次审视检验，看定义和表达是否准确，不相关的内容是否驳回。

定义，指概念的内涵和外延的规定性，用一个符号或者词语指代。概括出的概念对内应当具有周延性，即应当包括的都能包括；对外应当具有排除性，即不应当包括的就不包括。审视概念的内涵和外延时，要注意四个方面：第一，限制概念，给一些限制的条件；第二，概括，弄清概念包含的多个元素及其之间的共同点，抽象概括其特征；第三，划分，将不同的元素进行分类、提炼；第四，定义，给概念的本质特征和种属概念给出定义。

第二步，进一步加工简化，寻找现有概念的上位概念，看能否在更高程度上再抽象、再浓缩。概括凝练的过程有时也是寻找和挂靠上位概念的过程。我们能找到一些理念指导，或者找到一组相关的概念，借助这些概念加工简化将事半功倍。

概念是思维的基础，思维是智慧的核心。使思维更形象和可视化，还可用概念图进行思维检查。

2. 凝练语言

凝练语言，指在语言简洁、明确、美观上下工夫。概念是用语言表达的，概念提炼离不开语言方面的操作。语言操作：先确定一组句子，在每组句子中确定一个关键句子，然后在关键句子中再确定关键词语。形成概念是层层上升的语言加工和语义浓缩的过程，步骤主要分四步：第一步，确定一组句子；第二步，找出关键句子；第三步，找出关键词语；第四步，提炼上位概念。

（1）概括文本信息

语言凝练需要思想的清晰，要有语言的功夫。例如：概括文本信息，提炼方法有删略方法、概括方法和组构方法。

第一，删略方法。能在若干信息单位中去掉不重要的信息单位。例如："那个男人走向他的轿车，上车并开车走了"可浓缩成"那个男人开车走了"。因为"开车走了"蕴含有"走向车"和"上车"的内容。省略了前面的过程，只留下后面的结果，结果蕴含着前面的过程，人们扩展理解时，可由结果推导出过程。删略方法的另一种情况表现为主干与修饰成分的关系，目的是删除那些无关紧要的信息，保留主体。

第二，概括方法。将两个或两个以上的信息单位浓缩成一个宏观结构。本条规则以严格语义蕴含为准，即说"A"必是"B"而说"B"不一定是"A"。例如："小芳喜欢吃苹果、梨子、葡萄、香蕉、西瓜"，可用上义词概括为"小芳喜欢吃水果"。

第三，组构方法。将两个或两个以上的信息单位浓缩成一个宏观结构。本条规则中的"C"单位必须由"a"和"b"两个或几个单位组合起来才能产生。例如："老张去车站，买了张车票，进入月台，登上火车，坐到了座位上"，可组构为"老张乘火车"。这种组构规则依据的是事件行为框架和事理常识或"知识草案"，一般涉及的是动词。还有一种为名词概念的组构，例如："小王换了一套新衣服，是西装，白色的"，可组构为"小王换了一套白色的新西装"。这是典型的提取并浓缩。

（2）使用概括性强的词语

一般来说，概括性语言的特点是比较综合、抽象、直白、正面；而非概括性语言的特点是比较具体、形象、含蓄、侧面、反面。

从表达角度而言，概括就是从含蓄到直白，从间接到直接，以简驭繁，化繁为简的语言运用过程，好的概括较少用形容词，较少用否定副词，较少用比喻等修辞手法，较少举例子，较少侧面烘托。多用比较清晰的名词，比较有力量的判断词和表达能愿或使用的动词。

现代汉语中，很多词语本身就具有高度的概括性，例如："性""式""者""化""们""之类""之流""总之"等词语，能够给人以较为深刻的印象。"性""式""者"等是名词性词缀，动词或形容词加上它们便转化为名词。"化"是构成动词的词缀，"们""之流"指代一种类别，或启人深思，或高度概括某一现象。要善于使用这些极具概括性的词语，赋予语言一定的概括性。

另外，文本阅读中，概念阐释还体现在对语境、语义的理解上。语境对语义具有制约、解释和生成功能，因此，随着语境的不同，语义会发生变化。变化的形式主要有五种：第一，限制义；第二，反义；第三，转义；第四，隐含义；第五，言外之意。

3. 总结抽象

概括过程有时候有第四个步骤，即概括总结和抽象。通过辨别概念之间的关系，运用概念推理提出命题，发现规律或得出结论。概括总结以揭示相关概念、规律方法的内在联系为标准，运用尽可能简明的形式，对相关知识提纲挈领，加工重组，形成体系，使之由繁而杂、散而乱，变成少而精。

概括总结，应当保证重点突出，简明扼要，使零散的内容整体化、有序化、结构化，使之便于理解，便于记忆，便于应用。其基本方法有关键词串联法、合并同类项法、总结法、抽象法等。总结法，就是先找出主要信息，再找出主要信息中的主要内容，将其中心思想总结出来，得出有指导性的结论，这是概括的更高境界。

四、概括的方法

从方法角度而言，概括有从特殊到普遍的概括，从现象到本质的概括，从复杂到简单的概括，从有形到无形的概括。对应概括方法有要素合取法、主体分析法、因果分析法、外推法、以属盖种法。下面以牛顿的故事为例，分析这些方法如何使用。

（一）要素合取法

公元1666年，23岁的牛顿住在故乡沃尔斯索普村。有一天，他正坐在花园的苹果树下喝茶，一个苹果从树上落下，引起了牛顿的思索。

这个现象可用要素合取法概括：1666年，沃尔斯索普村的苹果落下，引起牛顿思索。

要素合取法，就是将要素叠加，属于简单概括。概括时，寻找组成现象的相关要素。常见的要素是时间、地点、人物和事件，事件又有起因、经过、结果，合起来是六大要素。要素合取的方法，就是将事件发生或问题呈现的要素归拢起来，写在一个句子里。

要素叠加合取时，将诸多要素加起来，内容比较完整，缺点是文字会相对较多。有时，为了使概括更简洁，一般将要素再筛选，去掉那些相对次要的要素，仅留特别重要的要素。例如：上面提到的"六要素"，可以精简为"四要素"，就是只摘取时间、人物、经过、结果四个要素；有时，将时间也去掉，只保留人物、经过、结果三个要素。这样，上面的要素就精简为"苹果落地引起牛顿思考"。

概括很简洁，对现象作了事实判断，属于现象概括或事实概括。现象是事物的表面特征以及这些特征的外部联系，事实是事物发生的确切证据。概括的方式是通过要素叠加描述完成，属于描述性概括。这种概括能简明概述事实，缺点是难以深入本质。这个概括没有涉及苹果落向地面的内在原因，或者说没有揭示这个现象的本质。例如：苹果为什么"落"，而不是飞？落的方向为什么是地面？

（二）主体分析法

上面的概括是以苹果为主体展开的，施动者是苹果，事件经过是落地，结果是引起牛顿思考。还可基于别的主体概括吗？当然可以。上面事实中的主体除了苹果，还有大地、牛顿、沃尔斯索普村，可以分别以它们为主体展开概括。

例如，以牛顿为主体概括：牛顿思考苹果落地。以大地为主体概括：大地"拉"苹果下落。以沃尔斯索普村为主体概括：沃尔斯索普村苹果落地催生巨人。

主体分析法，是从与事件相关的主体角度切入，以主体为施动者（主语）提问分析和抽象概括。

"相关的主体"有哪些？首先，是直接参与事件的所有对象，这个对象可以是人，也可以是物。其次，是事件涉及的不同的利益群体。常见的利益群体有：个人，集体组织，政府，社会，国家，等等。

分析概括时，首先思考现象/事件的参与者，都有谁？接触了谁？

影响了谁（或谁影响此事件）？其次，还可思考在这个事件中，谁理应出现，但却偏没有出现，为什么？如此自问自答，便能找到相关主体。当然，在此过程中，我们不可过于死板，在以上每一个主体范围内，依然可按照不同的主体细化、分解。

主体分析法，是一种在分析问题、制订策略或评估影响时常用的方法，从不同层次的主体出发，全面而系统地考察问题的各个方面。使用的难点、关键点和重中之重在于找主体，特别是如何找到重要的主体；要求从事件的本身角度和需求角度两方面入手分辨主次，确定重要主体。

主体分析法，常见的维度和角度，一般按照从小到大的逻辑。例如，微观：个人（最小的单位）。中观：企业、集体、团体。宏观：社会、国家、民族。

性质概括，概括物体时，要注意抓静态特征，抓状态、区别、本质。概括事情时，要注意抓动态过程，抓变化、冲突、过程。

（三）因果分析法

上面案例涉及三个要素，一是苹果，二是大地，三是牛顿。关系概括应当展开关系判断。关系判断，指断定事物与事物之间是否具有某种关系的判断。任何一个关系判断，其结构都是由三个要素组成，即关系、关系项、量项。案例中苹果、大地、牛顿是三个关系项，"落"是苹果与大地的关系，"引起思考"是苹果与牛顿的关系。

任何关系存在两个或两个以上的对象，因此关系命题的对象就有两个或两个以上，分别为二项关系、三项关系……三项关系或多项关系讨论比较复杂，可先化为二项关系，两两比较，再与其他项对比。

关系概括，最难的是对关系的判断。例如：苹果落地，如果概括到此为止，那么牛顿不见得比常人高明。热爱思考的牛顿没有放过这个平常的现象，他要寻找事物的本质。

本质是什么？本质是事物的根本性质和组成事物的各个基本要素

的内在联系。探求本质至少要探寻因果关系，不仅要"抓要素"，还要"辨关系"。

牛顿没有停留在苹果落地的表面现象，而是进一步追问，苹果脱离树枝，在空间哪个方向都可飞去，为什么偏偏坠向地面？原因是什么？牛顿进一步研究其中的因果关系。合理的推测是苹果和地面能相互吸引。

牛顿可能分析：这棵苹果树有几米高。苹果在几米高的树上可能落下。假设这棵苹果树升高到100米，苹果脱离树枝后是否还会落地？假设这棵苹果树升高到1 000米，苹果脱离树枝后是否仍然落地？假设这棵苹果树升高到10 000米甚至更高，苹果脱离树枝后是否仍然落地？答案还是应当落地。

为什么苹果不向外侧飞或向上运动，而总是向着地球运动呢？牛顿认为是某种看不见的力把苹果拉向地面，这个力来自地球。苹果沿着地球方向落，也可理解是地球拉着苹果来，物体和物体之间是相互朝着对方运动的。地球的力量更大，因此苹果总是垂直下落。进一步明确，地球有一个向下的拉力作用在物体上，而且，这个向下的拉力总是指向地球中心，而不是指向地球的其他部分。牛顿将这种由于地球的吸引而使物体自身受到的力叫作重力。他正确地解释了苹果落地，因为地球与苹果之间存在吸引力，即人们常说的"地心引力"，物理学称之为重力。

于是我们可概括为：苹果因重力落地。比"苹果落地"的概括更深入，揭示了落地现象背后的本质。概括要素合取为：对象（苹果、地）+关系（落）+原因（引力）。概括关系，要学会抓联系，抓因果。

（四）外推法

万有引力定律的提出不是一朝一夕，一蹴而就的。通过了系列的推理，由苹果从树上落下，推想到苹果在太空中会怎样？从苹果落地，推想其他物质如何。我们将这种概括方法叫作外推法。

外推法，指将特殊事物具有的特征向外延伸，推广到这一类事物都具有这个特征。外推法是一种思维操作方法，它将在一定领域和范围内通过经验（实验）归纳得到的确实可靠的知识（规律），推及其他的相同或相似的未知领域，获得新的知识（规律）。

我们运用外推法，还原牛顿由"苹果落地"引发的一系列向外推理的大脑思考过程：

第一，确定外推的起点，例如：确认"苹果是被地球的引力拉下来的"这个知识。

第二，从"苹果因地球引力而落地"，向外推广到地球其他所有的物体上，地面上的所有有质量的物体之间都存在相互的引力，地球存在地心引力。

第三，从地球上的物质受引力落地，推想到月球是否有引力呢？那天，牛顿在花园里想着月亮为什么会环绕地球运行？他想，恐怕也是地心引力的作用。联想到一些很普通的事情：绳子一端系一石子，手握另一端，可使石子沿圆周转圈，此时若割断绳子，石子便会飞走。可见月亮绕地球转圈，必定受到地心引力。这引力有多大？多远的地方才不受地心引力的影响？苹果能从树上落下，一定也能从很高的空中落下，由于地心引力，它不会落到另外的空间；月球也是一个东西，也一定受着地心引力，月球的运动和苹果落地是同样受引力作用的结果。

月球为什么不落地呢？因为月球虽然受地球的吸引，有向地心运动的倾向，但是月球有速度，有速度就有"离心力"，离心力促使月球逃离地球。当地球引力和离心力二者达到平衡时，月球就不会落下，只会绕地球转动。

归纳起来，苹果落地，是因受地球引力；月球不落地也不离去，是因既受地球引力，也有"离心力"作用，二力达到某种平衡。牛顿通过从伽利略平抛物体运动规律的思考，到"具有水平方向速度的炮弹"的运行轨迹实验，得出了苹果和月球都受地球引力的结论。

第四，地球对月球具有引力，向外推广到所有的天体上，认为所有的天体之间都存在相互的引力。在上述推理基础上，牛顿成功运用数学方法，总结出万有引力定律。月球受地心引力影响，所有物体都有引力。以此类推，由苹果到地球，由地球到宇宙，万物都有引力存在。

第五，发现苹果落地、雨滴降落和行星沿着轨道围绕太阳运行都是重力作用的结果。重力不仅是行星和恒星之间的作用力，有可能是普遍存在的吸引力。万有引力不仅是星体的特征，也是所有物体的基本特征。这个发现后来成为许多物理科学的理论基石。

任何物体之间都有相互吸引力，这个力的大小与各个物体的质量成正比，而与它们之间的距离的二次方成反比，即万有引力定律。牛顿的伟大，是将苹果落地的引力关系推广到宇宙。

（五）以属盖种法

万有引力解释了苹果落地的现象。但如何解释物质的运动呢？力是改变物体运动状态的原因，力使物体获得加速度，力是物体间的相互作用。

从"苹果落地"到万有引力定律的发现，牛顿成功地运用了经验归纳与外推方法。

牛顿的经典概括："重力""引力"是两种不同的"作用力"，前两词之间属于并列关系，前两词与第三词分别构成种属关系。

上位概念法，用法与以属盖种法类似。关系概括需要思维大格局，一种深度的思考，可称为上位思维。事物的上位，指比这个事物范围更大的事物。上位思维就是寻找比这个事物范围更大的事物，或者说是寻找包含这个事物的事物。上位链思维就是寻找事物上位的上位。

阅读与写作过程中，一个高效且富有条理的方法是首先识别并提炼出文本或论述中的核心主题词，或是作为桥梁的中间概念。随后，通过探索这些概念在更广泛知识体系中的位置，我们可追溯并锁定它们的"上位词"。上位词，简而言之，是那些具有更广泛涵盖范围、能够统领并概括特定主题词的词汇。这个过程有助于构建清晰的知识框架，能促进对读写对象更深层次的理解与表达。

例如："苹果"与"荔枝"，当我们试图将这两种看似不同的实体统一归纳时，可以轻易地识别出它们的共同属性——都是可供食用的果实，进而提炼出它们的上位词"水果"。这个步骤简化了复杂的信息，揭示了它们之间的内在联系。进一步拓宽视野，对"水果"这一类别进行更宏观的概括，需要继续向上追溯，找到更广泛的上位分类——"植物"。这种层次递进，展现了从具体到一般的逻辑推演过程，增强了论述的系统性和深度。

第三节　概括是概念的操作

初步概括时，一般概括成一组句子，或者概括成一句话，或者概括成一个词组或几个关键词，基本可达到初级概括的要求。对定义事物和推理论断而言，这种概括的抽象程度不够。抽象程度高的概括一般通过概念表达事物，包括提炼出新概念，或者将事物纳入已有的概念体系中认识。

在信息泛滥的时代，人们能记住的只是少量的概括性强的语义单位。无论企业（单位）还是个人，传播信息应当是经过提炼的精华，用一种简洁而准确的说法，这就需要概括。我们提高思维效率，应当将纷繁的事物浓缩成简洁的语言，需要对基本信息概括，然后形成概念。

概念是思维与认识的结晶，是反映事物本质属性、特有属性的高层次语义单位。概念是在更高层次上对信息的概括，也是最丰富、最精练的概括。概括，是"在思想中从某类事物个别、少数对象具有某种属性，推广到某类事物的全体对象都具有这种属性"。概括所形成的认识，是关于事物性质的概念，也可是关于事物之间关系的命题、论断。

将事物的特性通过概念浓缩表达，通过概念思维将事物之间的相互联系和作用机制抽象成命题、定理和公式，是最大限度地概括。许多理论体系都是以概念为基石的。

概念是信息的载体，是信息交流的基本单位。概念是概括的归属，也是概括的意义所在。概念是思维的基础，是对世界事物和思想的深察与概括。所谓概念思维，就是以概念为中介，应用概念进行思维。

在学习或研究中，能否将繁多事件、事物、现象、问题，用几个基本概念统领？能不能将一本书用几个概念表述出来？这往往是衡量是否真正学会和掌握的一种方式。具体解决问题时，能否从更抽象层面建构概念和观点？分析问题时，能否主动忽略各类现象和干扰，直指问题核心？这是概念能力高低的表现。

一、概念的内涵与外延

我们对事物思考和判断，一般使用概述表达思想和观点。一种是判断事实。一般使用判断句，例如："他是陌生人"。另一种是揭示观点和做法，一般使用"应该""应当""不要"之类能愿动词，表达请求或命令。无论表达判断或发布使令，一般同时需要使用概念。清晰的思维模式建立在清晰的概念定义上。例如："不要和陌生人说话"，此处"陌生人"是一个概念。

概念的使用让表达既丰富又简洁。有些高概念，一个词概括本质，一个简单却又夺人眼球的名称或设定，易于推广和营销（富有含义，指导性强，简单明了。例如：网购、高铁、云存储、区块链、无人机、物联网、维他命、素食主义、人工智能、共享单车、电子书、蓝牙耳机等等）。

（一）概念的内涵与外延

概念，是人类对一个复杂事物或过程的一种判断而产生的相应理解。人们对同一类事物观察多了，将其相同的特点概括，用一个名称表示；或者对一类事件经历多了，将一些共同的想法提炼出来，用一个符号指代；或者对万事万物思考多了，将一些感受和想法抽象概括，用一个短语或判断表达，这些名称、符号、短语就是"概念"。概念，指具有共同属性的一类事物、事件或思想的总称，一般用一个名称或符号予以表达。概念一般会浓缩较多信息，是对事物和观点本质的抽象概括。

概念是在实践中产生的，同时，概念在形成和发展过程中渗透着主体的因素。列宁指出，概念是反映客观物质世界的最高形式，是人们在长期实践活动的基础上，对于客观事物本质联系的抽象反映。概念既是客观的，又是主观的。说它是客观的，是指它是客观事物本质属性的反映，它来自实践，它的内容是客观的；说它是主观的，是指概念是人脑对客观事物的反映，是人脑思维概括的产物，它的反映形式是主观的。

概念具有两个基本特征，即内涵和外延。概念的内涵，指这个概念的含义，即该概念所反映的事物对象所特有的属性。例如："商品是用来交换的劳动产品"，其中，"用来交换的劳动产品"就是"商品"概念的内涵。概念的外延，指概念的适用范围，即概念所反映的事物对象的范围。概念的内涵和外延具有反比关系，即一个概念的内涵越多，外延就越小，反之亦然。

（二）概念的明确方法

概念表达有三种形式：一是用词汇，主要是实词。二是用短语，对概念进行修饰或限制。三是用判断，判断是概念的展开，概念是判断的浓缩。

概念的明确，重在明确两个方面的内容：一是明确它的内涵（含义）；二是明确它的外延。具体方法有四个：定义法、划分法、限制法、概括法。

1. 定义法

下定义，给概念本质特征和种属概念予以规定，用简洁的语言揭示概念的含义，与其他概念区分。

2. 划分法

以概念间的属种关系为基础，以对象属性为标准，将一个属概念

（大类）分成几个种概念（小类），或者将某个概念所反映的一个大类分成若干个小类，揭示其外延的一种逻辑方法。有一种特殊的划分方法，即二分法，它根据具有某种属性和不具有某种属性的概念外延矛盾关系进行划分。

3. 限制法

给一个概念设置限制的条件。通过增加概念的内涵，缩小其外延，将一个外延较大的属概念过渡到一个外延较小的种概念，达到概念明确的目的。

运用限制法明确概念有两种形式：一是在被限制的概念前面直接加上一个或几个修饰词；二是在被限制的概念之后通过一定的强调词，使概念的外延缩小，达到概念明确的目的。公文写作中，有时还会用括号说明，就是在某个概念之后附一括号，在括号内对概念的含义或外延作附注性解释或说明。

4. 概括法

指弄清概念包含的多个元素及之间的共同点，抽象概括其特征。概括法与限制法相反，它是减少概念的内涵，使外延较小的种概念过渡到外延较大的属概念的逻辑方法，有助于人们对事物的认识由特殊到一般，掌握事物的共同本质。

二、概念层次

概念有三个层次，分别是上位概念，中位（基本）概念和下位概念。

上位概念，即属概念，指具有包含关系的两个概念中外延较大的概念，最具概括性。属，即属性，对某个概念属性的界定。找上位概念，是从个别到一般。

中位（基本）概念，处于第二层次的概念，也可视为基本概念。中等程度的概括性，也有具体性。找同位概念，适宜比较异同。

下位概念，处于中位概念之下，具有具体性。例如：相对词典来说，"词典"作为中位概念，其下位概念是"汉语词典"等各方面的词典，其上位概念是工具书之类。找下位概念，是从一般到个别。

每个概念都有表达的内涵和使用的范围（外延），每个概念都是基于一定标准的分类和概括。例如：陌生人这个概念，可定义为"在物理空间上接近，在社会空间上疏远"的人，以空间标准定义。将这个标准更细化，可发现很多"下位概念"，例如："同车的不速之客""素无往来的邻居""擦肩而过的路人"，等等。反之，将这个标准再抽象，可找到"陌生人"的"上位概念"——社会人，"陌生人"的"同级概念"，例如熟人，亲人等，"陌生人"的"下位概念"，例如陌生的脸孔，陌生的感受，陌生的思想，等等。

概括的重要目标是获得概念。初级概括，指从大量的具体例证出发，分析多个事物或事物的多个方面，把握要点，获得事物的下位概念，在此基础上进一步概括，抽取这类事物的共同属性，旨在获得事物的基本概念。我们为更好地把握事物，可通过基本概念寻找其上位概念，在更高层次上认识和概括。

总之，概括是概念的操作，是提炼内涵和扩大外延的方法。通过概括形成概念，运用概念思考，是提升思维能力的捷径。如何使问题探讨深化？如何使思想提炼升华？答案就是关注概念的层次：要想使研究深化，就要去找下位概念，通过分类展开分析；要想使思想升华，就要去找它的上位概念，确定基本概念在概念体系中的地位、意义与作用等。在解决问题过程中，能否多思考一步，关系到能否把不同维度的事情归于更高一级的概念中。

三、概念思维

现实生活中，我们常常佩服一些人看问题深刻，说话时几个词语便能抓住关键，切中要害，一语中的。他们厉害的地方在哪？答案是善于运用概念思维，提出概念凝练思想。

例如：管理是什么？一般的管理者可能会列出大量现象，给出一堆做法，让人"盲人摸象"，不得要领。杰出的管理者也许言简意赅地告诉你，"管理就是分配"。这里用了一个概念——"分配"，包括事前的资源分配、事后的利益分配等，只用一个概念，深入浅出地指出了管理的本质。当然，我们可用另一些概念表达管理，例如：有人说"管理的本质是管和理"，这里用了两个概念，一是"管"，包括管人、管事、管物，核心是管人；二是"理"，理道、理术、理法、理情，核心是把握事物规律，梳理制度、流程等。

美国著名的管理学学者罗伯特·卡茨认为，有效的管理者应当具备三种基本技能：技术性技能、人际性技能和概念性技能。他提出了三个概念，易记易学，关于概念性技能的提法还让人耳目一新。概念性技能，指能够洞察企业与环境相互影响的复杂性，并在此基础上分析、判断、抽象、概括，迅速作出决断的能力，包括系统性、整体性能力，识别能力，创新能力，抽象思维能力。学习概念，运用概念，对于我们提高思维的深刻性、系统性大有裨益。

我们要如何做，才能够拨云见日，透过现象看本质？运用概念思维是重要途径。

（一）弄清概念的内涵和外延

俗话说，磨刀不误砍柴工。我们学习科学理论知识，抓住概念反复琢磨就是"磨刀"。琢磨概念是学习的首要任务，要弄清楚概念的相关规定，同时，要知道概念为什么这样规定，知道概念的来龙去脉；要知道概念的适用范围和应用场景，同时，要知道哪些情况下这些规定不适用。厘清概念的内涵，就能明确事物的特征，找到问题的症结。

当然，要弄清楚概念的外延，知道概念什么时候可以用，什么情况下不适用，能将概念学活用活。学习时，尝试将繁多的事、物、关系、问题用几个概念统领。一本书读完，尝试用几个概念概括表达，这是掌握理论知识精华，提高学习效率的好办法。

工作管理中发布任务，生活中与人沟通，使用概念时都要内容明确。一些误会与争执，有时是相关方的概念内涵不统一造成的。例如：有老师批评学生卫生打扫不干净，学生不服，争辩说没有纸屑了。学生认为没有纸屑就等于干净了，而教师的依据是黑板上有灰尘。教师没给"干净"这个概念作出班级规定，导致评判标准不一致。

（二）理论武装，概念指路

一般情况下，我们脑中的概念关于物质的多，这些具象的内容比较容易理解；关于事情、思维等相对"虚"的概念少，相应的训练也少。我们在处理复杂问题时，一般的人会被满眼的表象晃花眼，看不到事件的本质，或者看到、听到的都是事件的细节与片段，难以迅速形成整体的认识，理不出头绪。

通晓问题的专家，眼中有表象，脑中有上位概念，就能用概念开路，理论指导，通过现象找到其所属问题的类型概念，再根据这类问题的理论、模型指导，自上到下考察问题，拨开迷雾见本质，迅速把握整体，找到事件原因和原因后面的根源，提出解决办法。

如果我们知道前人成熟的概念就会相对容易，如果我们不知道，需要自己定义一个"新概念"（或者这个概念对于我们而言是新的），这时难度很大。专家之所以"专"，因为他们比其他人掌握更多的理论。他们依据理论指导，概念先行，模式护航，降维打击，用较高一级的概念解决低一级问题；或者，他们比一般人在这方面有更多的见识与经验，他们脑海中形成了很多相关概念与解决模型，能够举一反三，迅速将问题归结到某一概念范畴对照认识，事半功倍。

因此，我们有必要通过经典的书籍补充这方面的基础知识，用成熟概念武装头脑。通过"阅读"，我们可以了解别人用的概念是怎么回事，是否与我们的理解一致。研究和解决问题时，可借助大概念和观点，分析问题，忽略现象干扰，直指问题核心。要善于联系，将事物纳入已有概念、模式中，用概念深化理解，提升思维高度。

（三）下定义，揭示概念内涵

概括时，有时没办法套用已有的概念系统，就需要自己提出一个"新概念"代替相关繁杂的因素或关系。

提出新概念，即在语言中寻找一个相应的词，给这个词赋予新的内涵和外延，或者用几个旧词拼凑成一个新词，再给这个新词赋予新意（义）。

赋予新意，即给词一个新的定义，规定它的内容和所属种类，描述它独有的、不同于其他事物的特有属性和本质特征。任一客体或一组客体都具有众多特性，而特有属性是该对象有而其他对象不具有的属性。本质特征，是这类事物所共有的根本属性，是特有属性中基础性的、决定其他属性的属性。对象的特有属性是多种多样的，本质属性也是多方面的。

下定义，是揭示概念内涵的逻辑方法。内涵上，要用简洁明确的语言对事物本质特征给予概括；形式上，要将被定义的概念放在一个大的概念中，再加上对其本质特征进行描述的限制。

我们一般使用判断句型表达概念，其格式多为"×××（种概念）是×××的×××（属概念）"。例如：对概念下个定义，可以这样说，概念（种概念）是（判断词）反映对象特有属性或本质属性（种差）的思维形式（属概念）。有时也用"×××叫×××"，例如：无限而不循环的小数叫无理数。

公式表示为：被定义概念（种概念）=种差+属概念。

下定义，有三步骤：

第一步，找出被定义项的最邻近的属概念（亦称上位概念）；

第二步，找出种差，即找出它的特有的、本质的属性；

第三步，按照"×××（种概念、下位概念）是×××（种差、特性）的×××（属概念、上位概念）"进行组合。

除用上面介绍的属概念加种差下定义之外，日常生活中，我们还经常用语词定义。语词定义，是通过说明解释词语或通过规定给语词赋义，包括给古语、土语、外来语释义，使用公式、简称表达复杂概念，使用新词语或在新的意义上使用旧词语、确定虚幻概念的含义，等等。

定义的类型有四种：

第一，性质定义。以事物的性质为种差的定义。

第二，发生定义。以事物形成的方式或方法为种差的定义。

第三，关系定义。以事物间的关系为种差的定义。

第四，功能定义。以事物的功能为种差的定义。

下定义的规则：一是定义应当相应相称，不然，就会出现"定义过宽"或"定义过窄"的逻辑错误；二是定义项中不能直接或间接地包含被定义项，不然，就会出现"同语反复""循环定义"的逻辑错误；三是定义项一般不能用否定句或负概念，否则，就不能揭示出对象的特有属性；四是定义项应当用清楚确切的语词，不能用比喻。

（四）划分，揭示概念外延

划分，是逻辑上揭示概念外延的一种系统方法，根据一定的标准将大概念划分为若干个小概念。与简单的分解不同，划分强调的是部分与整体之间性质的非必然联系。实际应用中，划分方法灵活多样，包括：一次划分、连续划分、二分法及更为严格的分类。

例如：在一次划分中，我们可将"动物"这个大概念依据生活环境的不同，一次性地划分为"水生动物"（如鱼类、海豚）和"陆生动物"（如猫、狗、大象）。这种划分直接且清晰，有助于我们快速理解动物世界的多样性。

连续划分，是在此基础上的更深层次的细分。例如："陆生动物"，我们可根据是否能飞行将其划分为"飞行动物"（例如：鸟类、蝙蝠）和"非飞行动物"（例如：爬行动物、哺乳动物中的大部分）。连续划分让我们对陆生动物有更细致的认识。

　　二分法，是一种特殊的划分方式，它根据对象是否具有某种属性，将母项一分为二。例如：将"生物"根据是否能进行光合作用划分为"植物"（能光合作用）和"动物及微生物"（不能或很少能光合作用）。这种划分方式简洁明了，突出了生物之间的基本差异。

　　分类，是划分的一种特殊形式，强调以对象的本质属性为标准进行划分。例如：生物学上，将"植物"根据其形态、生理和遗传特征分为藻类、苔藓、蕨类、裸子植物和被子植物等大类。这种分类方式具有长期性和稳定性，是科学研究的基础。

　　进行划分时，需要遵循一定的规则：一是划分应当相应相称，即子项的外延之和应等于母项的外延；二是划分的标准应当保持同一，避免在同一层次的划分中使用多个标准；三是划分的子项之间应当全异，即它们之间不应存在交叉或重叠。以此确保划分的准确性和有效性。

（五）分层分类概括，搭建思维框架

　　概括提炼的一个重要目的是分组搭建金字塔，建立思维模型，使思维清晰化、可视化，使表达更有层次和条理。搭建金字塔，是一项层次性、结构化的思考和沟通技术。

　　一般操作步骤如下：

　　第一步，在文本等信息中找到主要信息，提取信息中的关键词，提炼出属概念。

　　第二步，将多个属概念划分，根据需要确定标准，进行第一次划分，得到多个子项（种概念）；也可根据概念的内涵进行分类。

　　第三步，在第一次划分的基础上，考察每个子项，确定再次划分标准，对子项进行二次划分。考察第二次划分所得的多个小项，看看是否需要进一步划分，如果需要，依据上面的方法再次划分。

　　第四步，宏观审视，将多次划分所得子项按照层次组构成一个金字塔模型。从纵向看，顶端是我们需要解决的问题，下一层是支撑解决问

题的不同方面，再下一层就是支持不同方面的原因（子理由）。

上面的方法，也可逆顺序进行。第一，研究信息，得到若干子概念；第二，将这些子概念抽象，概括整合成几个子概念；第三，再审视所得子概念，提炼出更大外延的上位概念，以统驭其下多个下位概念。

例如：阅读中，我们可通过提炼概念，画出文章的金字塔结构，能迅速把握文章的内容和主旨。在思考和写作中，如果我们将要表达的思想组织成金字塔结构，能检查自己思想的有效性、一致性和完整性，还能让自己发现遗漏的思想，并帮助我们创造性地拓展自己的思路。

本章回顾

概括，作为思维的核心技术之一，是对事物本质、内在联系及规律的提炼与简化表达。我们通过抽象化手段，将复杂信息转化为易于理解、把握的形式，达成准确、全面、简洁且逻辑清晰地表达信息。既要捕捉事物的核心要点，又要避免遗漏重要信息。同时，简洁明了的语言表达与清晰的逻辑结构也是不可或缺的。在思维方法上，比较对照、分类归纳、抽取提炼及综合分析等技巧被广泛应用，帮助我们有效地从复杂信息中提炼出核心要点，形成对事物的深刻认识。初级的概括从提炼要点、形成主见开始，逐步进阶至运用概念、发现规律、融会贯通；当概括达到以简驭繁的境界时，能以极其简洁的方式表达复杂信息，展现思维的深度与广度。终极境界是洞察无形，个体超越具体事物，深入本质与规律，形成深刻洞察与创造力，实现大道至简的智慧飞跃。

第七章　升华技术

事物包含众多的方面、角度、属性、层次和联系，要想站得高，看得远，应当提升思维的维度，由近及远，由小及大，由具体上升为抽象，由种类上升到属类，这一切离不开抽象思维。掌握抽象技术，增强抽象力是思维由低阶走向高阶的必然要求。

第一节　科学抽象法

抽象，顾名思义，一是有"象"；二是有"抽"。象，即物象，指具体事物；抽，即将事物某个方面、属性、特征和联系抽取出来，在比较纯粹、单一的形态上进行分析、考察。抽象，在分析、综合、比较的基础上，使事物的本质特征和事物本身，以及事物的其他属性分离开来，将本质特征提到首要的地位予以认识。

第一，抽象是一种思维方法。抽象，是我们在研究活动中，应用思维能力，排除对象次要的、非本质的因素，抽出其主要的、本质的因素，达到认识对象本质的方法。

第二，抽象是一种思维方式。抽象与具体相对，将感性的抽象具体上升为理性的抽象，再由抽象概念上升到思维的具体，即马克思主义的科学抽象法。马克思主义方法论，从宏观层面讲，主要是看世界的辩证思维方法，包括归纳与演绎、分析与综合、抽象与具体、逻辑与历史相统一等等。从中观层面看，即分析研究的科学抽象法，包括从具体上升到抽象，又从抽象上升为具体"两条道路"。从具体到抽象离不开分析、归纳、概括，从抽象到具体需要综合、想象，等等。从微观的层面看，抽象技术，指归纳、概括、综合等具体方法。

第三，抽象是一种思维过程。将复杂物体的一个或几个特性抽出去，只注意其他特性的行动或过程（例如：头脑只思考树本身的形状或只考虑树叶的颜色，不受它们的大小和形状的限制）。这个过程包括"抽出来"和"定下来"两个阶段。

抽出来的过程，指根据事物属性和主体目标，将事物要素分解、分类、比较、归纳、概括、综合的过程，是去粗取精、去伪存真、由此及彼、由表及里的过程。

将所需的对象抽出来，同时，通过一定的语言形式定下来，形成概念、判断、推理等思维形式。抽象的过程，需要通过归纳、概括形成概念，通过概念进行判断、推理，形成范畴、论断或规律。

具体想要抽象出什么，取决于角度。抽象的角度，又取决于我们分析问题的目的。例如：苹果、香蕉、雪梨、橘子、葡萄等，它们共同的特征就是多汁、味美、酸甜。我们将这类东西叫作水果。得出"水果"的过程，就是一个运用了具体（象）到抽象思维的过程。

第四，抽象是一种思维内容，是思维上升的程度或抽象的成果。例如：胡塞尔对抽象内容的理解，他说"'抽象的'内容是不独立的内容，'具体的'内容是独立的内容。我们将这个区别想象为客观规定了的区别，即具体内容按其自然本性来说能够是自在自为的，而抽象内容只有在具体内容之中或之旁才是可能的"[①]。抽象的内容不是现实的具

---

① 李朝东，王珅．"抽象与具体"的现象学澄清［J］．华中科技大学学报，2019（6）：20-25．

体，而是思维的产品，因而是看不见，摸不着的，却可以在脑海中清晰显现。我们有时说"这个东西好抽象"，或者说"抽象得不够"时，抽象就是结果层面或程度方面的意义。

总之，抽象是与具体（象）相对应的概念，是矛盾的两个方面。哲学上的具体（象），指客观存在着的或在认识中反映出来的事物的整体，是具有多方面属性、特点、关系的统一。哲学上的抽象，指从无数具体的事物中抽取出共同的本质性、普遍性的特征。抽象的过程也是一个不断裁剪、精练的过程。

抽象思维，是人运用概念、判断、推理等思维形式对客观世界进行间接的、概括反映的过程，是人类认知活动的最高层次，它能够让人对事物的认识从感性转化为理性，有效预知事物的进展和结果。

科学抽象法，是马克思主义理论研究人和社会最基本的方法。马克思在《政治经济学批判》中指出，政治经济学的研究方法，存在两条不同的道路。第一条道路是从具体到抽象的道路，亦即"完整的表象蒸发为抽象的规定"的过程。这是人们思维运动常走的道路，但对于科学研究来说，马克思认为仅此一途远远不够，因为沿着这条路走，尽管可以实现从感性认识到理性认识的提升，但得到的不过是一些"稀薄的不深入的抽象"或一些最简单的规定。马克思在《资本论》写作中，在第一条路上行进的基础上，开辟了第二条道路，即抽象的规定在思维行程中导致具体的再现。在这条道路上，思维行程表现为综合的过程，抽象的规定上升为具体的再现。这一再现不是混沌的整体的表象，而是包含许多规定和关系的丰富的总体。这是人们认识中又一次质的飞跃，即辩证认识的飞跃。

一、具体上升至抽象

科学抽象的过程一般是：为了解答某个问题，我们对各种经验事实予以对比和分析，提取普遍规律、共同本质与因果逻辑关系，形成或运用概念，找到解答某一类问题的科学定律或一般原理。

科学抽象的起点是感性具体的经验事实，即人们对现实事物的混沌印象。无数的经验事实案例是科学抽象的基础，这些事实包括有机联系的、客观存在的事实，现实的直观和表象，还有那些具体的、特殊的历史实际等，是混沌的具体研究对象。

认识纷繁复杂或杂乱无章的具体事物时，我们通过抽象化繁为简。马克思指出：一个合理的抽象就是要真正把对象的共同点提出来并把它定下来。

由具体上升到抽象，关键要做好两点，一是"抽出来"；二是"定下来"。"抽出来"，是思维的过程，将事物在头脑中分解，将整体分解成各个部分，将必然的本质的方面和偶然的现象的方面分开，抽取出各个必然的本质的因素，达到对具体事物的某一本质方面的认识。"定下来"，是思维的结果，将思维所抽取出来的那些内在的独特的东西用语言固定下来。

（一）如何"抽出来"

思考"抽什么"和"怎么抽"。

1. 抽什么

要根据研究的目的确定抽取的内容。抽取的内容有三个大类：一是寻找差异，将整体事物的内在独特性提取出来，称之为本质性抽象；二是寻找共性，将事物某一方面的共同性抽出来，称之表征性抽象；三是寻找关联，将事物与事物之间，或者事物内部各方面的相互联系、相互制约、相互依赖的关系抽取出来，称之为规律性抽象。

（1）寻找差异，抽取事物本质

本质性抽象，是对具体事物的整体进行抽象，即在思维中将事物的本质属性抽取出来，这是许多人强调的抽象法。本质属性，是对事物存在具有决定性作用的特有属性。本质属性的抽取，要将众多的非本质属性暂时搁置下来，将所有的细枝末节撇开不管，聚焦于该事物区别于其他事物的独特性质进行提取，获得对该事物独特性的认识，形成对该事物的抽象规定，最后形成概念。

本质性抽象，是对事物整体的抽象，关注的是该事物与其他事物的差异，获得对该事物独特性的认识，对事物做出相应的抽象规定。

（2）寻找共性，抽取某方面特征

表征性抽象，是直接抽象可观察的事物，对事物所表现出来的具体特征的抽象。在认识事物、解决问题的思维过程中，并不限于抽取出事物的本质属性。有时候只需要抽取出事物某一特定的方面、属性、特征和联系，探索对事物某个单一方面的认识，其他众多的方面、属性、特征和联系往往需要撇开。

对于同样的事物，可用多种多样的方式进行抽象。例如：一个物体摆在我们面前的时候，可从物体的颜色、形状、质量、温度等进行抽象。抽取什么，撇开什么，主要是由思维活动的内容、性质或解决问题的目的等决定的。

（3）寻找关系，抽取作用原理

在表征性抽象基础上，我们可形成一种更为高级、更深层次的抽象，即原理性抽象。分析比较多种相关事物的性质，探求这类事物的共有特性，得出事物间的因果性和规律性的联系。这种抽象的成果就是定律、原理、规律。例如：万有引力定律，属于原理性抽象。

原理性抽象和表征性抽象不同，表征性抽象是对事物外在的表面特征进行抽象。原理性抽象是对事物内在的、本质的、必然的、稳定的规律性联系进行抽象。原理性抽象对多种不同事物进行抽象，关注的往往是多种事物的共同点，通过综合的方法获得对这些事物共性的认识，抽取出这些事物所共有的特征。当然，将多种相关事物升维为一个系统，以系统的视角整体考察，原理性抽象也是本质性抽象。

2. 怎么抽

第一，广泛收集和占有材料。第二，运用抽象力进行分析、比较、分类和分层，运用归纳和概括的方法，去除事物的不相关特征，归纳事物的共同特征，或者抽取事物某方面的特征集中研究，获得该方面的认识。第三，运用批判的眼光，进一步审视相同或不同，探寻研究对象之间的不同关系和互动规律。第四，以现实的人为出发点，依据需求提取和整理要点。

（二）如何"定下来"

定下来，指用语言或文字表达出来，形成抽象的规定。抽象规定，即思维经过对感性具体的分析所抽取出来的一个个单一的规定，是对事物特性的系列描述。

1. 用词语、概念固定下来

思维用什么将事物这种内在的共同的东西规定下来？最基础的是用概念。思维是通过比较、分析，将对象进程中显露出的共同点提取出来，然后上升为概念，完成对对象的抽象。换句话说，通过对具体事物分析、归纳，将所感知的事物一系列内在共同性特征抽象出来，用词语予以概括，形成概念式思维惯性，或对用作概念的词语作出一些规定，赋予一定的内涵，同时又作出一些限定，使其不超出范围，赋予一定的外延。

仅仅简单的分析、比较，甚至归纳，所抽取或提炼的抽象规定或许是"稀薄的"、低层次的，抽象不能算完成。不上升为概念，抽象便无以表现[①]。概念作为概括抽象的结果，其建立是对同类众多个别现象的概括。

2. 用句子、判断固定下来

形成概念外，我们继续在此基础上，运用概念进行思维，获得对事物的基本认识，形成一个判断，用一句话表达出来，确定是什么，不是

---

① 且大有. 论马克思关于"从抽象上升到具体"方法的思想［J］. 内蒙古师范大学
学报，1999（1）：4-9.

什么，或者确定要什么，不要什么。

3. 用定义、规律固定下来

通过深入分析概念之间的关系、结构与功能机制，专家还能将事物进一步抽象，获得定义、判断、规律等进一步的抽象规定。

抽象，是由感性的具体（象）上升为抽象的概念，是由特殊、个别的具体（象）上升为一般和普遍的规律，是思维针对对象共性的一种把握。在这个思维过程中，不仅有思维的抽取，同时，包含思维的创造。思维并不是简单地、直接地重现共同点，而是进行了建构。[①]

在科学研究中，科学抽象过程的一般环节有三个，即分离—提纯—简略。分离，是将研究对象从复杂事物中分离出来；提纯，是排除一些不必要的干扰因素，方便我们对特定的研究对象进行研究；简略，是将研究结果用一种简略抽象的方式表达出来。对象抽取（分离）、抽象概括（提纯）、概念规定（简约）是科学抽象过程的三个基本环节，是科学研究的基本方式与方法。

二、抽象上升至具体

认识过程，一般经历由感性的具体（象）到抽象的规定，又由抽象的规定上升为思维中的具体（象），经历一个否定之否定的过程。我们探讨如何"从抽象上升至具体（象）"，应当搞清楚"抽象""上升""具体（象）"等概念的含义。

第一，抽象。指思维的成果，通过对感性具体（象）的分析、比较、归纳、概括，获得的对具体事物的共同属性或某几个方面的不同属性的某些规定，包括建构的概念、范畴和依靠概念进行推理获得的判断、原理。

---

① 李士坤. 论思维的抽象和思维的具体及创造性思维［J］. 北京大学学报：哲学社
会科学版，1999（2）：56-61.

第二，具体（象）。在认识过程中，有两种完全不同的具体（象），一是感性的具体（象），二是思维的具体（象）。"由具体（象）到抽象"中的"具体（象）"是感性的具体（象），即人的感觉器官所得到的生动而具体的知觉表象。从抽象出发上升的具体（象）是"思维中的具体（象）"，不是现实生活中那些可以看得见，摸得着的感性具体（象），而是在思维中构建的"许多规定的综合"，是以逻辑范畴、概念再现在思维中进行综合再造的具体（象）。与感性具体（象）不同，思维具体（象）是由抽象的规定逐步展开的各种特殊的规定性的综合，是各种特殊规定性的统一，是思维对事物各方面本质规定的完整的反映。

与感性具体（象）相比，思维中的具体（象）从总体上完整地复制了感性具体（象）的自然图景，在思维中再现了外部世界的整体性质，因而更为清晰、更为具体地揭示了外部世界的本质和规律。统一性、整体性、具体性，构成了思维具体（象）的特点。从形式上看，思维具体（象）好像是对感性具体（象）的复归，实际上已经完成了认识发展的一个否定之否定的过程。

第三，上升。指"发展"与"转化"。从抽象上升到具体（象），指从概念出发，在脑海中将舍弃了众多属性的抽象概念再具象化，依据其规定性在脑海中逐一还原，在脑海中再造甚至创造一个与抽象概念对应的具体物象。这个过程，理解为我们在思考和理解一个复杂概念时，首先将其简化为一个或几个核心概念（即抽象概念），然后在理解这些核心概念的基础上，逐步添加细节和属性，使这个概念在脑海中变得生动、具体起来。这个像是拼图过程，我们先有了一副拼图的框架（抽象概念），然后逐渐找到并拼上每一块小拼图（属性、特征等），最终形成一个完整的画面（具体物象）。

例如：我们要理解"城市"这个概念。最初，"城市"对我们来说可能只是一个模糊、抽象的词汇，它包含了很多未知和未定义的元素。

随着我们对"城市"这个概念的逐步深入探索，我们可以依据城市概念的内涵，开始将其具象化。这个过程包括三个阶段：

其一，抽象阶段。我们可能将"城市"定义为"大量人口聚集的地方"，这是一个非常基础的抽象定义，它只包含了"城市"这一概念的核心属性，即人口聚集。

其二，具体化阶段。接着，我们开始为这个概念添加更多的属性和特征。例如：城市有高楼大厦、宽阔的街道、各种公共设施（如学校、医院、公园等）、不同的社区和文化等等。每当添加一个新的属性或特征，我们就让"城市"这个概念在脑海中变得更加具体和生动。

其三，脑补还原阶段。随着我们对"城市"概念的理解越来越深入，在脑海中形成一个非常清晰、具体的"城市"形象。这个形象可能包括了我们所知道的所有关于城市的细节和特征。例如：繁忙的交通、夜晚的霓虹灯、人们的日常生活等等。这个过程犹如在我们脑海中构建了一个虚拟的"城市"，它与我们实际生活中的城市存在的相似度非常高。

这个上升过程也是一个脑海塑造的过程，应当运用综合的方法，对"概念"进行展开、恢复、发展，使抽象的规定在思维中不断具象化。上升再造过程能使"概念"本身所包含的内容比实际生活更集中、更典型，更具有普遍性。

例如：文学创造活动中，作家对感性具体（象）抽象概括所得到的是他对社会生活某方面的真理性认识。将这种认识诉诸于众，就应当有创作目的和意图，或叫主题思想，这种认识应当由概念予以表达。作家都应当具有"从事实发现概念，从局部现象中发现一般意义的深刻的智力。"[①]科学研究是从现象到本质，从具体（象）到抽象的过程，叙述

---

① 岳正发. 由抽象上升到具体的逻辑方法在艺术形象塑造中的应用 [J]. 内蒙古民族师院学报：社会科学版，1996（2）：54-59.

过程是从抽象到具体（象）、从特殊本质到一般本质的过程。

三、科学抽象法的三个环节

人类认识世界（事物）的过程是"实践—认识—实践"的过程，是"个别——一般——个别"的过程，是"具体（象）—抽象—具体（象）"的过程。科学抽象法，是马克思主义研究的重要方法，研究具体、形成抽象、回归具体是科学抽象法的三个环节，科学抽象的过程有两段路程：

其一，从感性到抽象。我们观察具体事物，通过分析和筛选，去掉非本质、次要的部分，提炼出事物的一般性、共同性的本质特征，找到解答某一类问题的科学定律或一般原理。就像从一堆杂乱的水果中挑出苹果，再进一步找到所有苹果共有的特点，比如形状、颜色等。将"经验事实"等同于"感性的具体（象）"，它是对感觉、直觉和表象的感性认识，是"从具体（象）到抽象"思维过程的逻辑起点。事物之间错综复杂的因果联系与矛盾关系是思维抽象的中介，目标是为了获得具有多种规定性的概念或发现普遍规律、形成有关论断，这些也是第一段路的逻辑终点。

其二，从抽象到思维的具体。从概念出发，其过程也有三个环节。就像是用苹果的特点（形状、颜色等）在脑海中构想出一个完美的苹果图像，这个图像虽然源于现实，但已经超越了具体的某一个苹果，成为一个更普遍、更深刻的认识。

概念、规律或论断是"从抽象到具体（象）"的逻辑起点，"理性的具体（象）"是思维上升的逻辑终点，是对事物全体的、本质性内部联系的理性认识。事物的因果联系与矛盾关系是思维的中介。

促成对事物从低级到高级、从简单到复杂的认识转变的逻辑中介是概念。因此，感性具体（象）—抽象概念—理性具体（象），或者表象—抽象—具体（象），这三个逻辑环节不断链接运动，使人们获得对事物本质的深层了解。我们正是通过对事物的抽象获得概念，掌握规律，又依据概念进行思维，指导实践，预见未来。

在社会实践活动中，思维过程像是从眼前实景（感性具体）出发，提炼出核心要点（抽象概念），再将这些要点整合成完整画面（思维具体）。整个过程循环往复，不断深化对事物的认识。

第二节　据象索义法

在宇宙的广阔视野中，原因被精妙地划分为有形与无形两大类别。有形原因，指人类可以在有形世界中直接观察到的原因，只要人类看到相关的有形现象，就能够明确相关的有形原因。无形原因，指的是人类无法在有形世界中直接观察到的原因，它深藏于表象之下。若想发现无形原因，需要人类根据观察到的有形现象进行反推，即根据有形的结果去反推造成这一结果的可能原因，这种方法称之为据象（形）索义法。

"形"，即客观实体，我们所感知的自然世界。物质世界存在的基本规律是无形生有形，有形生万物。形状、颜色、质地等是事物的有形部分，性质、规律、功能、意义等是事物的无形部分；身体是人类具有的有形部分，精神、思想、意识和智慧是人类具有的无形部分。有形催生变化，变化催生可能。我们能够感知有形的世界，而要认识无形的世界，必须通过抽象、概括，必须不断推理和求证。

无形可控制有形，无形的精神从根本上掌控着人的行为。能力的最高境界是以无形胜有形。一个人若想本领高强，就应当不断探索自然，掌握规律，将事物的无形部分认识清楚；一个人若想赢得尊敬，就应当涵养精神，将自己的无形部分修炼好，它们是人的根本；一个人若想思想深刻，就应当不断突破有形，深入无形。

如何从有形到无形？答案是不断概括和抽象。认识的过程是从易到难，先眼前，后远方；先实在，后虚在；先有形，后无形；先有限，后无限。当下的、眼前的、有形的、有限的事物是我们认识的开始，将有形的事物无限往前推，不断去抽象概括，由现象到本质，由特性到功能，最后得到的是无形。所有精彩的概括总是能将杂乱的"有形"进行梳理，整合，形成概念、论断、规律、定理等，一句话总是能够指向无形。

推动思维从有形到无形的方法很多，常用的一种是据象（形）索义法，即依据事物的外在表象，追寻其内在意义。较早的用法是用在汉字学习研究上。

例如：汉字是表意文字，其字形在一定程度上与字义有关，我们可以通过字形来推断字义。据形索义法也常用于阅读写作中，比如，对作品人物的分析，通过对人物的外在表现（外貌、语言、动作、情态）等，分析概括人物的性格与思想。我们讨论的据形索义法，强调的是通过对有形的表象的考察，深入内在的无形的含义的认识，能够用抽象的概念代表具体的实物，完成对事物本质的概括。

事物的象（形）有很多表现形式。例如：在阅读和写作中，我们常见的"象"有人、事、景、物，作者写作的目的也总是由人及己，由己及人。我们使用据象（形）索义的方法可以从此入手，据事及理，由景及情，由物及志，由人及义。

现实世界是由事、物、人等组成的复杂系统。"事"有"事理"，"物"有"物理"，"人"有"人理"，并且"理"各不相同。人理，指为人的道理，或者说是人类需求的目标与终极关怀的道理。事理，指处理组织和事务的方法和技巧。物理，指客观世界存在与变化的道理。通晓"事理"以便"理事"，懂得"物理"以利"理物"，明白"人理"方能"理人"。做事、理物、为人是我们基本的职责。

"文章者，所以表天地万物之情状也"，理、事、情（人）正是天地万物所具备的三个特征。"理"为规律，"事"为状态，"人"为情趣。艺术创作中，三者交融。艺术家以"情"为核心，从"事"出发，探寻"理"之真谛，创作出生动而深刻的作品。观者通过品味作品中的"理、事、情"，感受艺术之美，领悟人生哲理。

据象求意（义），即概括我们感知的形与象，探究其内在的规律与意义，要从外在的象出发，由此及彼、由表及里，揭示事物的物理、事理与人理。

一、由人及义，揭示为人之道

人生在世，我们一般着力追寻有形的利益和无形的意义。无论成败，影响结果的既是有形原因，也有无形原因，并且无形原因从根本上决定着一个人的成败。很多人遭遇失败以后，只知道找表面上的有形原因，却忽略了信仰、精神、思想、信念、智慧等无形原因，他们很难从根本上改变自己的人生局面。

思想是人类具有的强大力量。思想是无形的，在有形的世界里，不受限制的思想可以想出无限种方法。无形的智慧对抗有形的困难，最终获胜的必然是无形的智慧，关键是不能让无形的智慧受到人为限制。

由人及义，简单来说，无论研究一个人还是研究一个集体，不能停留于外在的形象、习惯描绘与分析上，要深入人的性格、志趣、理想、信仰等精神层面，揭示人之所以为人的独特魅力。

孟子曰："仁，人心也；义，人路也。"仁是人的本心，义是人的正道。人之所以为人，就在于"仁"。仁是什么呢，孔子说，"仁者爱人"。四海之类皆兄弟，仁者有"恭、宽、信、敏、惠"五德。

我们常常讲人性、人道、人文精神。人性，指人类异于动物的本性和一定社会条件下人的品性，是人普遍所具有的心理属性；人道，指做人的道理，包括爱护生命、关怀幸福、尊重人权等。人文精神，核心是人道，人道的核心是爱与善。

义有三层意思。其一，义是一个人内在的德性。道德伦理上的合理性，包括言行合理、举止适宜。其二，义是待人处事的准则。人必须遵此而行的责任和义务，是去做当做之事的大义与阻止不当之事的责任。其三，义是评价人的行为合理性的最高标准。为大多数人谋幸福的高尚情操，如义行。义以体仁，居仁由义，处仁以义。做人做事以义为原则，就有其正当性。

写人的文章为什么要"及义"？因为，义是实现仁的途径，仁与义一起组成人之为人的精神支柱。人们研究和写作，无非是为了更好地认识自己，从而超越自己。在认识自己的过程中，人们总会要遇到人之所以为人的问题，总会去追问：人是什么？人与万物有何本质区别？人在世界中处于什么地位？人的生存价值及人生意义是什么？人生该有怎样的责任与义务？人在什么样的社会和自然环境中生存发展？

例如：在阅读写作中，我们当然也要抓住这些问题去追问、思考和回答。对成功者，我们要追问其成功的原因，特别是他不同于常人的心理、性格、思想与精神动力；对于失败者，我们也要分析它失败的原因，特别是他个人的性格缺陷、思想局限或思想偏见等等。

由人及义可从多方面入手，例如：由外在形象到精神动力，由语言行为到性格思想，由工作生活到理想信念。

（一）由外在形象到精神动力，展现人格光彩和精神力量

我们探索人格魅力的深度与广度时，不难发现，精神信仰如同灵魂的灯塔，为人生旅途指引方向。当信仰植根于积极健康的价值观念与坚定信心之中，个体便拥有了不竭的责任感与勇气，驱使着他们以坚韧不拔的毅力，跨越重重障碍，直至梦想的彼岸。背后的精神内核，正是自我认知的清晰、价值取向的纯正、心理状态的乐观，以及对待事务（物）的严谨与热忱。

领导（负责人）引领团队实施工作动员时，其讲评不能只聚焦于人物言行的直观展现，更要深刻剖析其背后的动机与信念，探索那股驱动个体超越自我极限、勇于担当的不竭动力。不仅仅复述他们"做了什么"与"说了什么"，还要深入挖掘"为何如此行动"，揭示那些在逆境中支撑起坚韧不拔、成就非凡的精神支柱。从具象到抽象的升华，旨在触达团队成员的内心深处，激发共鸣，凝聚共识，让每一位成员都能感受到那股无形的力量，共同前行。

同理，作家在文学创作活动中构建人物与故事时，亦非仅仅编织情节的经纬，更是深刻描绘角色的内心世界，挖掘他们行为背后的深层情感与信念体系。他们笔下的人物，不仅是行动的集合体，更是情感与精神的载体，展现了在挑战与困境面前，那股超越常人的坚韧与勇气之源。优秀的文学作品之所以具有震撼人心的力量，正因为它不仅再现了生活的真实面貌，更深刻挖掘了人性中的光辉与阴暗，直击读者心灵，引发深刻的思考与共鸣。

例如：电影《我的父亲焦裕禄》收获了观众一致认可的高口碑评价，编剧高满堂与李唯在谈创作经历中说，重塑英雄形象，需以新颖视角深入挖掘，对精神世界深刻洞察，展现先进人物的人格光彩和精神力量。因此，他们通过深入生活、细研史料，拂去历史的尘埃，挖掘人物行为背后的思想和精神，还原了一个更加立体、鲜活的焦裕禄。他"心中装着全体人民，唯独没有他自己"的公仆之心，探求真理、拒绝浮华的求实态度，以及面对困难勇于挑战、敢于胜利的奋斗精神，共同构筑了他坚不可摧的内在动力。

一个民族的崛起，离不开精神的支撑与引领。文艺工作者作为时代精神的镜像，应当怀揣文化自觉，敬畏并热爱笔下人物及其精神，这是佳作之基。遵循艺术之道，融合深邃思想与精湛技艺，让作品既有"意义"的深度，又不失"意味"的吸引。

（二）由个人情感到人格人道，提炼人性本质，凸显人文之理

人要吃喝拉撒，人有七情六欲，人具有基因里带来的动物兽性，也具有潜在的善良本性（人性）。人要有人性，才会有人格。人格，即做人的资格，特别是人的社会化后个体的做人准则。人格，即人性的外化与对象化。做人要循人道，合人理。"人道"与"人理"都是为人处世的道理。

为人的道理十分复杂。概而言之，支配社会运转的"人理"似乎可概括为三个字，即利、理、力。利，即利益；理，即道理；力，即权力。它们决定着做人的行为道德规范。

涉及经济活动的事务，大多数可从"人利"的方面分析解释，"两利相较取其大，两害相较取其小"。利之所在，人之所往，趋利避害乃为人之天性。当然，不同需求的人对利益的看法可能不同，甚至大为迥异，这牵涉价值观的问题。

"人理"，即做人的道理，为人处世要讲道理，"得道多助、失道寡助"。道之不存、理将安在？当然立场不同，追求不同，个人认定的人理也会千差万别，这牵涉人生观的问题。

"人力"，即能力、权力，它是社会运作中最重要的力量，社会和组织中的决策（组织）权总是掌握在决策者手中。"县官"不如"现管"，官大一级压死人。当然，能力大小与对世界的把握程度相关，权力大小与对社会的认识和改造相关。

人生天地间，奔波市井里，趋利、避害、驱恶、向善是人之为人的天性，也是人文精神的本质。人文之理实质，即处理好个人、社会、自然界等诸方面的各种矛盾的道理。人生一世，所有实践活动的最高目标，就是要发展自我，超越自我，使自己更有力量，实现人的本质的自由。人文精神这种追求人的解放和生命的价值意义，提高认识和改造自然界的能力，正是人理中赋能、增权的"力"的体现；以人类的共同生存和发展为行动准则，实现人与自然、人与社会的和谐发展，这是存爱求善的人仁义理的根本追求，这是人类的根本利益，是人理中"利"的根本需求。

每个人的思想都可以涵盖全世界，每个人的潜力都可以改变全世界。因此，上天赋予人类无形，就等于给了人类永恒的潜力。识人用人，要透过日常的生活与工作去窥测做人之道；进行人物写作，更要在细节琐事的描述之中深挖做人之理。

例如：写人物传记，当然离不开人和事，但更重要的是传"神"，其核心是要写出人物的形象特点、品格精神。这个"神"可以有时在他做事时的言行当中表现出来，有时还会通过他人的评价来体现。这样写作，就能深入人物的情感、志趣、思想和意志，将作品由情感向提炼人性本质升华，由一人一事描写向为人处世的一般道理升华，由个人命运的记叙向国家民族命运主题升华。

形与神的分野一般是由实到虚的分野。阅读人物传记等作品时，就要善于提取"线—事—理—情"四要素。通过提取"线"与"事"，即梳理出人物（传主）的人生轨迹，即弄清楚"什么人""什么时间""什么地点"做了"什么事"，将信息连缀、整合起来，横向纵向结合梳理，发现人事的内在联系，把握人物性格特点、品质精神。特别要关注这样几级关系：形态与情趣、物质与精神、形式与本质、具体（象）与抽象等，这些是毛皮与肉骨的关系，就是形与神的分野。

思维的深化源于对"为何"的深刻追问与不懈探索，对人（类）精神世界的深入洞察与高度颂扬。好作品的魅力，就在于让人每一次阅读，都有从思想到信念的跨越，让人经历一场心灵深处的洗礼与升华。

二、由事及理，揭示做事之理

由事及理。事，可分为两类。第一类，事指自然世界中发生的自然现象，哲学上定义事是"物质随时间的变化"。物质是质量空间的分布，事指质量空间分布的随时变化，这类事是不以人的意志为转移的宇宙之事，是各种物质自在自为的自然之事。第二类，事指社会生活中的主客观事件，包括一切与人相关的事情、事务、现象、情况等，是与人类相关的一切活动、现象与经历过程。

何谓理？"理"，一个层面，指"事理"和"情理"；另一个层面，指"哲理"。二者类似于佛家的二谛，即俗谛和真谛。俗谛，是世间之真理，多指世俗之事理；事理，即做事的道理，是世间人事之利弊得失之理。真谛，是"出世间"之真理，是超越人世间的道理或哲理。哲理，指客观的、不以人的意志为转移的真假是非，是自然世界自在自为的自然规律。将"事理"和"情理"提升到"哲理"的层次，认识和写作才会更有深度、更有质感。

事由人做，物由人理，按人的需求来"理物""理人"即为做事。"谋事在人，成事在天"。陕西师范大学孙根年教授说，做事的学问，需要将自然界及物质方面提供的可能，与人类的需求和发展目标结合起来，权衡利弊得失，按"多快好省"的要求进行统筹规划、综合决策，以便形成规划方案和设计蓝图，最后组织人、财、物等生产要素，在科学监督管理下按规划方案实施，达成我们做事的目标。

由事及理，要从研究人们所做之事，揭示做事之理，是社会科学研究的重点对象。

如何由事及理？有两种途径，一是由表及里，二是由此及彼。

（一）由表及里，援事析理

由表及里，即要透过客观事物的表象，去发掘其中深刻的道理。由表及里之"表"，指事物显现出来的外在表象；"里"，指事物的性质、功能和内在联系。援事析理之"事"，可以是一件事，也可以是多件事，多件事中，可能是同类事，也可能是异类事。理，寓于一事或万事之中，又抽象于具体事物之外。

由表及里，援事析理，即从事物的外在现象入手分析、推理，借叙带理，剖事立理，集事点理，析象透理，引言证理，异事比理，透过现象揭示事物的本质或关键。

我们说话或写作时，援事析理要解决两个问题：如何援事？如何析理？

第一，如何援事？

援事，即占有事实，依据事实。讲话或写作时，援事一般通过叙述来实现，因事实材料往往来自生活见闻或作品阅读，我们称之为概述或转述。

援事须遵循以下两个原则：其一，转述的内容，应该表现出材料最核心的内容，无关的情节、细节、数据修饰务必去掉；其二，要根据阐释论点的需要，决定叙述的方向和详略，择要概述。同时，援事须与析理相结合。

第二，如何析理？

析理的关键在于就事论事，分析事件本身的来龙去脉、前因后果、正面反面，有机勾连起材料与观点，探求中心论点的合理性。

"析"的途径很多，常见的有由始至终、由昔及今、由果及因、由点及面、由小到大、由现象到本质。通过"析理"，由现象到本质（真假、是非、利害）的整理和改造，形成概念、判断、推理，反映事物的全体、本质、内部联系。

析理的方法有由果溯因，进行因果分析；由昔及今，进行过程分析；明辨是非，进行是非分析；分析利害，进行价值分析。

1. 由果溯因

由果溯因，是一种因果分析方法，指从结果的角度切入，追溯产生这一结果的原因，从内在因与果的关系分析中总结规律，获得事理。

一个矛盾的产生、一种现象的出现，总是有原因的。弄清来龙去脉，就能找到问题产生的原因，找到矛盾的主次关系，找到解决问题的途径。

运用由果溯因法，应当多追问"为什么"？例如：为什么做这样的事情？为什么会有这样的结果？深层的根源是什么？揭示某种原因，比不揭示原因更深刻；揭示根本原因，比找到一般原因更深刻。我们在追溯原因的基础上，预测将来这一现象会给我们带来的影响，进一步提出解决问题的对策，可让思维一步一步向更深处迈进。

2. 由昔及今

由昔及今，是一种历史过程分析方法，指通过收集和整理获得的史料，分析事件的发展过程，揭示事物本质与演化规律。分析的方法有历史比较分析方法，历史计量分析方法，历史心理分析方法，历史系统分析方法，等等。

历史比较分析，指我们通过对不同时间、不同空间条件下的各种历史现象进行纵向或横向的比较，分析异同，探索事物发展的一般规律或特殊性。随着社会科学的发展，现在我们一般运用数学统计、心理分析、系统分析、电子计算机技术等，通过各种数据关系与价值判断，揭示事件主体心理活动及特征，揭示事件整体与局部的变化关系，认识历史运动过程，发现事件发展规律，揭示做人做事的道理。

3. 明辨是非

是非，即事物的真假、对错。是非分析，对问题的解决至关重要，能不能设计出鲜明的是非问题，决定解决困难的成效。由表及里作是非分析，一般先断事物真假，再论事实对错。

先断真假，应当对事实实施还原，关注"到底发生了什么"。不仅要聚焦做了什么，出现了什么，还要追问：什么该做的没做，该出现的没出现？原因是什么？

再论对错，指对事实实施行为复盘和总结得失，分析追问"该不该""对不对"。在判断该不该、对不对时，应当确立一定的判断标准，这个标准最好是公理。公理系统涵盖了法理、情理、道理三个范畴，三者既相互区别，又相互联系。

法理，作为法律的理论依据，催生一系列明确的法律条文，具有权威性和强制性，是非判断中应当优先对标分析。情理，指人的情感产生、发展的逻辑规律。判断是非的第二个标准看是否合乎情理，凡是能够为一般人情感所接受、认可的，或能够令人产生正面情感的行为与事件，即可视为合乎情理，是正确的和应该支持的，否则视为不合情理，可断为"非"。

道理，为合"道"之理，"道"，有伦理之道，有客观规律之道，有客观事实发生、发展之道，还有先行规定之道。道理具有公正性与普适性，道理用于是非判断有两种形式，一是"准法理"的政策、规章、纪律的表现形式；二是良心、道义的表现形式。

是非判断中，不同利益主体及其出发点、角度、知识结构、情感等因素一般导致人们对客观真实情形产生不同甚至相反的判断。人生天地间，人在做，天在看，公理自在人心。人的天性总是追求良好的生活。是非对错，应当以真善美作基础；是非判断，应当以公平公正为准心，以公理作为判断的标准和依据。

4. 分析利害

事理，做事的道理。做事之理最重要的一条就是趋利避害。因此，由表及里、援事析理离不开利害分析。"天下熙熙皆为利来，天下攘攘皆为利往"，世事纷争，实际是利益之争。凡事应当作利害分析，这是马克思主义的基本原则。利害分析法也是马克思主义观察问题、分析问题和解决问题的最基本方法。利益（或利害）矛盾是社会生活中最基本的矛盾，它是产生一切社会矛盾的总根源。利害分析法具有最广泛的适用性。

古今成大事者，莫不是善于权衡利弊，趋利避害之人。一方面，能够未雨绸缪，化危为机，力避祸害；另一方面，有勇有谋，多快好省，争取或创造最大利益。

不同的人需求不同，对利害关系的价值认识也不相同。有的人看重经济利益，有的人注重社会效益；有的人盯着眼前得失，有的人着眼长远利益。利害分析是个人生活的本能与需要，也是企业、社会和各种组织团体需要面对的首要和基本问题。

企业家与政治家在探索与决策过程中，常常运用一系列精妙的分析方法洞悉利害，这些方法深刻且多元，包括：一是真伪利害辨析法。秉持求真务实的原则，深入剖析表象背后的真实利益与潜在风险，确保决策基于坚实的事实基础。二是定性与定量综合评估。定性分析把握问题的性质与趋势，结合定量分析精确衡量数据背后的价值与影响。三是宏观视角与微观洞察融合。从宏观层面把握时代趋势与行业脉搏，同时深入微观细节，洞悉企业内部运作与外部环境的微妙变化。四是务实与务虚并重分析。扎实分析现实状况与具体问题，同时，不忘抬头看路，进行前瞻性思考与战略规划。五是战略与策略协同规划。明确长远战略目标，据此设计灵活多变的实施策略，确保每一步行动都紧密围绕核心目标展开。六是经济与政治因素综合考量。在决策过程中，全面权衡经济效益与社会政治影响，寻求两者之间的最佳平衡点。

很多咨询公司在管理咨询时，根据企业实际，建立自己的战略分析工具——利益分析法模型。

实施主体（利益相关方）分析，确定利益相关方的利害得失，操作包括：

第一，按照主体与客体的利益关系以及完整互斥的原则，找出博弈主体，按照利益的相关性，将博弈主体进行归类，分为矛盾的双方。

第二，按知识、金钱、暴力三个指标分析博弈主体的核心竞争力。知识，指的是体制、管理等方面的能力。金钱，指的是物质资源。暴力，是非正常状态下的力量，在一般的博弈格局中不予考虑，当博弈格局中有暴力因素的时候，暴力即为决定因素，其他的资源和管理能力都要转化为暴力。

第三，按照作用力或者影响力的大小，去除影响力很小的博弈主体，保留能起决定作用的博弈主体，这是一个化繁为简的过程。

实施形势分析，操作包括：

第一，采用SWOT分析工具，从优势、劣势、机会及威胁四个维度，对博弈主体的势能进行分析。

第二，分析优势与劣势，通过知识（体制及管理能力）、金钱（物质资源）及暴力（非常力量）三个维度分析。

第三，分析机会和威胁。重要的是要实施趋势分析，找到事物的运行通道。运行通道可称为惯性或动能，动能越大，趋势逆转越难。趋势有方向性，如正向、负向和停顿三种状态。趋势发展有速度，可能速度趋强，可能速度趋弱。停顿是趋势中断或转变的临界点，动能渐弱是趋势逆转的开始。

第四，分析标志性事件，指标志着事物的运行通道发生转变的事件，这些事件的出现，标志着事物的运行通道逆转。

此外，实施目标分析和策略分析。目标由需求决定，需求由形势决定。需求是多层次的，目标也是多层次的。策略以决策目标为中心，利益最大化是博弈主体的主要目标，依此评估每一位利益相关者的利害关系的本质和力量状况，制订明确的战略战术。

（二）由此及彼，比事导理

比事导理与援事析理有所不同。援事析理，是由表及里，剖析事情本身，引出固有的道理；比事导理，是由此及彼，由一种事物引出其他事物的道理，或将一种事物的小道理抽象上升为全局性的大道理。

唯物辩证法告诉我们，世界上的万事万物是互相联系的，在认识事物的过程中，往往能触类旁通，举一反三，生发出许多精彩的议论。因此，由此及彼，比事导理有深厚的认识论基础。其方法，也多种多样。

1. 对比

面对一件事情，怎么才能有更多的看事情的角度？怎么才能增加对事情的理解？答案是对比。对比，指将两种事物予以对照比较，推导出它们之间的差异点。事物的特征和本质在对比中显露出来。

例如：荀子《为学》，文章以蜀鄙二僧欲去南海的故事，用贫和尚"为之"，将想法变为行动，结果战胜困难取得成功；富和尚空有想法却"不为"，空有更好的物质条件，结果却毫无进展。文章将两种截然不同的做法和结果予以对比，得出了"为之则难者亦易""不为则易者亦难"的人生道理。对比论证是常用的论证方法，将正反两方面的观点、事实相对比，推导出它们之间的差异点，事物的特征和本质在对比中最容易显露出来。特别是正反相互对立的事物的比较，具有极大的鲜明性，能给人留下深刻的印象。

2. 类比

类比，指用两个具有相同属性的事物进行比较，由一种事物具有某种属性，从而推断另一种事物也具有这种属性。类比论证，通过已知事物，以及和它有一样特点的事物予以比较、类推，证明另一种事物也有类似特征的论证方法。例如：《邹忌讽齐王纳谏》将"臣之妻私臣"与"宫妇左右莫不私王"类比；将"臣之妾畏臣"与"朝廷之臣莫不畏王"类比；将"臣之客欲有求于臣"和"四境之内莫不有求于王"类比，最后得出"王之蔽甚矣"的结论，劝谏齐王广开言路，纳谏除弊。邹忌抓住了两种事物的相同或相似的特征，类比推理，将抽象的道理具体化，使齐王欣然纳谏。

古代诸子百家深得类比之妙，庄子、韩非子在论说时，常常讲故事、用寓言，使说理形象生动。

类比论证，一定要找准类比点。自然现象的类比，古今中外事实的类比等，应当找出类比事物和所要证明道理之间的共性，才能举一反三，不至于牵强附会。

同时，我们知道，类比是一种主观的、不充分的似真推理，类比论证讲道理生动好理解，所得出的结论是否正确，需要我们进一步找证据证明。例如：寓言《两小儿辩日》，一小儿将视觉观察得到的近大远小的原理，类比运用到对太阳早晚大小的推断中去，另一小儿将触角经验的远凉近热的原理，类比运用到对太阳早晚大小的推断中去，得到了完全相反的结论。他们的错误不在于类比不当，而在于视野局限，观察和处理问题时，只了解矛盾的一方，不了解矛盾的另一方，只见局部，不见全体，不能全面地把握事物。现代科学的正确解释，由于地球的自转和公转，太阳在早晨和中午与人的距离确有一些变化，但微乎其微，凭肉眼难以觉察。哲学上分析事物，看问题的时候应当全面地看，不能只看一点，不及其余，否则就会像"两小儿"那样犯主观、片面的错误。

类比和对比，是对两个不同的事物予以比较。对比，重在对事物差异性的揭示；类比，重在对事物间共性的展现。类比是在不同类型事物中找到相同之处，是利用事物之间有类似的特点或关系，由近及远推知或证明另一道理的正确。

3. 以点及面

何为点？绘画或写作时，点，指所描绘景物中的局部；面，指所描绘景物的整体。景物的面是由点组成的，面又统率着点。因此，在景物描写的技法中，有"由点及面"与"由面及点"两种。在由事及理的探究和概括时，"点"是事物的方面或部分，比如优点、重点、特点、起点；点也指一个人或一句话，一件小事或一种现象，一种具体事物的具体道理。何为面？即整体、全面。在由事及理的分析概括中，面，即更大范围的事物，或更有普适性的道理。由点到面，指认识过程由个别事物到一般事物，由局部分析到整体概括，将具体的小道理上升为普适的大道理。

点是无限的，也是不确定的。面是有限的，又是相对确定的。由点及面，循着从部分到整体、从微观到宏观的逻辑思路去把握整体。达成分析事半功倍，"点"的选择很重要。要着力关注"出发点""着力点""产生点""发生点""生长点""转折点""疑难点""起点""顶点"和"终点"，由点及面，把握过程，认识整体。我们听见一个典型事例，不仅就事论事，还要立足全局，考察因果，导出一番有关全局的评论。

4. 以小见大

以小见大，指从小事情中发掘大问题、大道理。"小"，是小事件、小切口、小角度、个别现象；"大"，是大事件、大道理、大主题。任何小的东西，是大事物的"细胞"；任何大的事物，是由许多小的东西聚合而成的。共性寓于个性之中，个性之中包含着共性。"小"是现象，是个性，"大"是本质，是共性，小题材是为表现大主题服务的，大主题也需通过小题材予以表现。二者互相依存，相辅相成。把握好了小的部分，做好小的工作，才能"窥一斑而知全豹"，把握整体，促进大局，从小事例中引出大道理。例如：说话和写作时，"以小见大"，是用小题材表现大主题，是从小事、细节、小物件、小人物着笔，通过小而平凡的事去表现较大社会意义的主旨，揭示较深奥的哲理。

写作中，如何才能由点到面，以小见大？虽是小处落笔，但需大处着眼，要从平凡中见不平凡，从无奇中见有奇。

大处着眼，就是要着眼于宇宙人生，将小话题放到生活中、社会中、人生中去看，要审视事件产生的大时代、大背景、大环境，兼顾大面积、大多数，追寻大内涵、大意义。"一粒沙里看世界，半瓣花上说人情"，获得小中见大的审美感悟。

要做到这点不容易，必须将观察与思考相结合，即胸怀大局，宏观着眼，抓住特点，微观入手。例如：白居易的《与元九书》，"每与人言，多询时务；每读书史，多求理道。始知文章合为时而著，歌诗合为事而作。"

宏观着眼，指作者应当站在时代的高度，从社会的历史和现实出发，观察整个社会的发展趋势，把握社会的整体特征和发展规律，才可能写出体现时代精神的好文章。微观入手，指作者应当注意观察生活中的一切细微方面，包括人物的言谈举止、一颦一笑，事件的细枝末节，景物的微小特征和变化，等等。要在"细"字上下功夫，力争达到明察秋毫，见微知著的妙境。着眼于大处，落笔于小处，写出来的文章才贴近生活、内涵丰厚、触动人心。投身生活，多角度地观察生活、体验生活的真情，感悟生活的真谛，才能站在高处看世界，闲坐低处品人生，才能学会在看似普通的生活中发掘出人们的情趣和意义，在看似平淡的生活中去感悟体验他们的动人之美，在单调的生活中采撷生活的浪花。

另外，还有由"内"及"外"。有些事情，孤立地看，功德圆满，放大一点看，就有不足，因此，由事"内"及事"外"，往往能生发出启人心扉的议论。

总之，援事析理的根本追求是"透过现象看本质"。难以深入本质时，要求我们能从事物的现象中概括出反映事物特征的属性，或总结出规律、经验、教训，发掘出做人做事的道理。如果宏观是坐标，微观就是坐标图中的点。没有宏观，微观事物就找不准恰当的位置，也难以体现出它时代的特征和深刻的意蕴；没有微观，宏观就显得空泛、苍白。若从宏观与微观相结合的角度，去看待社会生活，就可能扩大和深化观察所得，正确和深刻感知对象的外部形象与内部特征，提高我们的观察能力。

三、由物及志：揭示变化规律

狭义的"物理"，指客观物质世界存在和变化的道理。例如：大气受热抬升、水汽遇冷凝结、岩石自然风化、山体重力下滑等等。"物理"，指与人相关的"物之理"，包括理解事物的本质、规律或道理，还有那些与人类生活、思想、行为等密切相关的事物的本质和规律，包括自然界中的物理现象、社会现象以及人类自身的心理、行为等现象。

在人与物的关系层面，"物之理"涉及人类如何认识、利用和改造自然界中的事物。改造和利用的过程，既体现了人类的智慧和创造力，也反映了人类对自然界的认识水平和能力。人类还应当在认识和利用自然界的过程中，由物及志，旨在遵循自然界的规律和道德准则，实现人与自然的和谐共生。

我们这里所讲的"物"，不是与我无关的自然物体，而是"眼中之物"，是经过我们感知的大千世界，更是"胸中之物"，是注入了我们的感觉与认知，带有我们独有个性的对象物。"志"是什么？志者，意也，指含有一定理性制约着的思想、情感、意趣、志向等等。

由物及志，一方面，是讲我们在感知物体时，我们会自然与自己的身心联系起来，因而感物吟志，甚至状物言志。我们实施抽象、概括、推理等思维活动的时候，带有我们的主观色彩。另一方面，我们阅读别人创作的作品时，可反其道而行之，神与物游，逆物求志，概括分析作品中呈现的种种物象，逆向推测作品之思与作者之情。

（一）察情应物，感物吟志

草木本无心，因人显其志。感物伤怀是人之常情，托物言志是常用的表现方法。历代名人大家体物写志，通过某些特殊的情景、物象抒发情感，表达志趣，创作了无数美篇佳著。屈原颂橘，李白吟月，高尔基赞海燕，闻一多赞红烛，郭沫若颂雷电……古今中外，不胜枚举。不难看出，这些自然之"物"，一旦被作者摄取入文，它就会被赋予人格化的特点。

例如：刘勰的《文心雕龙》中写到"人禀七情，应物斯感；感物吟志，莫非自然"，"感物吟志"是对诗歌创作的理论概括。

诗歌创作有四个要素：第一，要有"物"。即基于生活，源于客体对象。第二，要有"感"。即要融入作者的主体经验。第三，要"吟"，产生内心的心理变化。第四，要有"志"，彰显作者特征的认识、情感与志趣。"感""物""吟""志"四者连成一个整体，关键是"感"。"情"是"感"的前提条件，没有情是不能达成的。

"感"的真实含义是什么？即感应、感发、感悟、感兴，还有感想、感情、回忆、联想、想象、幻想等等。"感物"也就是"应物"，是接触事物，"应物斯感"，意思是接触到事物而引起主体思想感情上的相应的活动，产生感想、感情、回忆、想象、联想和幻想等等。

例如：作家创作，总是离不开外在的"物"与内在的"情"。内在的"情"，"应物"而动，形成志，或者说先天的"情"经过"感"

与"应"的心理活动，与"物"接通，变为后天的社会的"志"。因此，文学艺术作为人的情志活动就形成了这样的链条："察情"—"感物"—"吟志"。用我们今天的话说，诗人以先天的情感，去接触对象物，产生内心的兴发与感应，终于联类不穷，浮想联翩，产生了诗的情感。

"落红不是无情物，化作春泥更护花。"托物言志类的文章，"物"是材料，是作者寄情托意的载体。写物是为了言志，绘形是为了传神。写作中既要捕捉住"物"的外在的"形"，更要挖掘出"物"的内在的"神"。所言之志应是所托之物的固有特征，给予读者的自然启示，因而绝不能游离于物外，随意引申，牵强生发。

（二）神与物游，逆物求志

例如：作品阅读。"物色之动，心亦摇焉"，作者情以物迁，辞以情发，触景生情，状物言志。阅读这类作品时，通过诗人描摹的意象把握诗人所言之志，是阅读理解这类诗歌的关键。

状物散文，首先要关注"物"，关注"物"之特点，同时，关注"状"之手段；关注如何"状"物，同时，关注"状物"之人。状物散文，总是由物到人，由物看人，起于物而又超然于物的。阅读状物文章，应当通过所状之物，逆物求志，理解所言之志是什么，融入了什么样的情感和人生体验。

逆物求志式阅读，探骊得珠，可分为以下三步：

第一步，就物论物。研磨形态凸显事物特点，体悟作品借物寄托的品格、气质。

例如：阅读王安石的《梅花》，"墙角数枝梅，凌寒独自开。遥知不是雪，为有暗香来。"品味梅花的高洁温馨，冷艳幽香是初步，从中品读出诗人借梅花寄寓自己不怕冰风摧折，不怕寒雪埋藏的气质与品格是关键。

阅读于谦的《石灰吟》，"千锤万凿出深山，烈火焚烧若等闲。粉身碎骨浑不怕，要留清白在人间。"不仅要读出石灰的开采艰难与清白志向，更重要的是要能逆物求志，读出这首诗处处以石灰自喻，表达自己为国尽忠，不怕牺牲的意愿和光明磊落，坚守高洁情操的决心。

第二步：知人论世。应当了解写作背景、知人论世，层层追问，逆物求志，探究写作缘由，体会作者借物以抒发对自身遭际的感慨。

例如：鉴赏唐初虞世南的《蝉》，"垂緌饮清露，流响出疏桐。居高声自远，非是藉秋风。"如果只是看到一只夏蝉在高树上饮着清露、自在鸣叫的形象，这种理解就很肤浅。我们知人论世，便会理解作者创作的缘由。作者虽容貌怯懦、弱不胜衣，但笃志勤学，博识多才，建功立业，地位显赫。而且，性情刚烈，直言敢谏，深得李世民敬重，时称"德行、忠直、博学、文词、书翰"五绝。他借咏蝉喻己，强调人格的力量，传达一个真理，即立身品格高洁的人，并不需要某种外在的凭借（例如：权势地位、有力者的帮助），自能声名远播。诗人笔下人格化的夏蝉，可能带有自悦的意味吧。

例如，清代施补华撰诗歌评论《岘佣说诗》："三百篇比兴为多，唐人犹得此意。同一咏蝉，虞世南'居高声自远，非是藉秋风'，是清华人语；骆宾王'露重飞难进，风多响易沉'，是患难人语；李商隐'本以高难饱，徒劳恨费声'，是牢骚人语。比兴不同如此。"这三首诗都是唐代托咏蝉以寄意的名作。作者地位、遭际、气质的不同，虞世南品格清高，地位显贵；骆宾王因事下狱，宦海浮沉；李商隐卷入政治旋涡，一生困顿不得志。他们同样咏蝉，同样工于比兴寄托，却呈现出不同的物象与情志，成为唐代文坛"咏蝉"诗的三绝。

第三步：层层追问。重回文章把握主旨，探索作者借以寄托的政治理想、盛衰之感、家国之情、兴亡之叹。

例如：托物言志类文本的阅读理解难度较其他文体相对要高，因为这类文章不直接表现作者的志向和意愿，而是通过物品的描述表现，写作意图的表现比较含蓄。阅读咏物的诗词文章，除了上面提出的要关注"物"，要关注作品"写了什么""怎么写的"，把握所咏之物特点，还要关注"状物"之人，知人论世，追问作者"为什么要这么写"。应当层层追问，作者为什么要写作这篇文章？作者要抒发什么样的情感和思想？咏物的"言外之意""弦外之音"是什么？作者通过所咏之物暗示什么东西？状物言志，言什么志，融入了什么样的情感和人生体验？所咏之物是如何巧妙联系"人志"的？

　　总之，在科学探索的广阔天地，"三理"——物理、事理与人理，构成了理解世界的三大支柱。物理，揭示自然界的运行规律；事理，阐述事物之间的逻辑与联系；人理，深入人心的世界，探讨行为、决策背后的动机与价值。三者相辅相成，共同绘制出一幅全面而深刻的世界图景，追求"三理和谐"的理想状态，即自然法则、社会逻辑与人性光辉的和谐共生。

　　与此相呼应，哲学（逻辑学）命题的"三问"——是什么？为什么？如何做？引领着人类思维的深度与广度。"是什么？"，引导我们观察世界，通过事实的描述与解释，追求客观公正，认识世界的本质与真相；"为什么？"，促使我们深入探究，分析现象背后的原因与逻辑，理解世界为何如此运作，以及人类是如何获得这些知识的；"如何做？"，指向人类实践，强调操作与管理，指导我们如何改造世界、变革社会，旨在达成实效，满足人类的需求与价值追求。这个思维和实践过程，实质上是从"认识世界"到"规范世界"，再到"改造世界"的循环运动。我们从"是"出发，建立对世界的准确认知；随后，在"应当"的指引下，基于对人类需求与价值的深刻分析，设定理想的社会蓝图；最终，通过"做"的实践，不断缩小"是"与"应当"之间的差距，推动社会向更加美好的方向前进。

总之，天下大事必起于"点"。集中才能看透和做透一个"点"。例如：写作中，"深刻"意味着"透过现象深入本质，揭示事物的内在关系，观点具有启发作用"。"透过现象深入本质"，应当透过事物的表象，深入探究它们内在的、普遍的、稳定的根本属性。"揭示事物的内在关系"，应当用全面的、联系的、发展的观点去分析问题，考察事物之间普遍的、必然的联系，由此及彼，追根溯源，找到问题产生的原因及解决的办法。"观点具有启发作用"，指观点让人读后加深了对某个问题认识的深度，或让人读后拓展了对某个问题认识的广度。

例如：作文从以下几个方面可做到深刻。深刻不仅体现在思维的纵向深入上，而且体现在思维的横向展开上。我们分析个别事例（现象），一般可展开联想，由此及彼，分析这个事例（现象）与其他事例（现象）的联系与区别，更清晰、准确地认识这个事例（现象），更加深刻、透彻地阐述道理。

据象索义，援事析理在内容上有两个方向：①深入往内说，可分析事物内在的性质、成因、产生的影响或结果、对待的方法、一分为二的认识等；②抽象往外说，由小见大，能够揭示从特定事物身上看到的同类事物的本质特征。

写作深刻，其核心在于内容与形式的双重提升。内容上，应当阐述独特且卓越的见地，探讨事物内在的类、因、果、法、辩证点等属性，并揭示同类事物的本质特征，以此展现对问题或事物的深入理解和独到见解。形式上，应当灵活多样地运用阐述和论证方法，确保观点阐述透彻，论证有力。写作深刻，旨在通过独特见解与透彻论证，触及事物本质。其精髓在于内容与形式的双重深入。

内容层面。

一是深入剖析逻辑点。包括探讨事物的类（性质）、因（根源）、果（影响）、法（解决方法）、辩证点（特殊情况下的特性）。探讨事物的类，指揭示事物的性质、内涵；探讨事物的因，指挖掘事物的根源，将产生论述对象的根源揭示出来；探讨事物的果，指分析事物的影响，将论述对象已经产生或将要产生的，或积极或消极的影响揭示出来；探讨事物的法，指出解决问题或满足要求的方法、条件；探讨事物的辩证点，指辩证分析时，指出事物特殊情况下所存在的特性，避免片面地、孤立地、静止地认识事物或问题所出现的偏颇。

通过全面分析，展现对问题的深刻理解。例如：针对不文明交通行为，可从多角度剖析，揭示其性质、成因、影响及解决方案。

二是揭示本质特征，以小见大，通过个别事例透视同类事物的普遍规律。例如：王安石由自然景象悟出治学、人生之道，体现了深刻的洞察力。

形式层面。一方面，灵活运用阐述方法。采用多种论证手段，例如：举例、对比、因果分析等，对观点透彻阐述。确保论证过程逻辑严密，论据充分。另一方面，强化情理化解读，通过类比联想，将自然、社会现象与人生哲理相结合，从自然或社会生活的现象中看出社会或人生情理。例如：《邹忌讽齐王纳谏》，通过日常琐事，揭示治国理政的大道理。

强化联系化解读，从时间与空间的维度分析事物之间的联系与变化，揭示其背后的历史脉络与发展趋势。

强化灵魂与文化解读，通过由此及彼、由实到虚的联想，对社会和生活现象向心灵精神或文化方面迁移联想，揭示社会现象和本质之间内在联系。

此外，人的概括能力可通过重复渲染提高发展。在知识学习与思维发展中，通过不断重复学习、实践与反思，我们的概括能力和抽象思维得以迭代升级。在初步解决方案的基础上，不断反思、调整和优化，这种迭代优化有利于问题的根本解决和创新突破。

⌬ 本章回顾

　　思维升华技术是一种促进个体成长与进步的强大工具，涵盖了我们思想认识的深化与情感价值的升华。此思维技术包括科学抽象法与据象索义法，前者通过理性思维加工感性材料，揭示事物本质与规律，帮助个体超越具体，深入内在联系；后者从具体形象出发，探索事物内在意义，以直观性与形象性引导个体在感性基础上逐步深入本质，实现情感与意义的升华。两者相辅相成，促进个体在思维中不断提炼、加工和深化认识，同时提炼具体中的普遍性意义与价值。要求个体在认知与情感层面持续精进，提升思维能力和认知水平。此思维技术能拓宽我们的认知边界，深化事物的理解，升华情感品质与价值理念，在思想层面实现质的飞跃，为人生赋予更深远的意义与价值。

第四篇

如何灵活
——寻找替代，变通问题

思维的灵活性反映了思维随机应变的程度，是衡量我们应对复杂多变情境与挑战时，思维转换与适应能力的关键指标。它要求我们跨越传统界限，以机智与敏锐洞察复杂情境，灵活应对并解决问题。在面对矛盾与困境时，我们需要变通与转换思维，采用多元视角审视极端与平衡，积极寻找替代方案，置换或简化问题，从而实现思维的灵活变通与视角的创新转换。具备灵活思维的人，能够迅速调整思维策略，适应实际情况的瞬息万变。他们善于洞察看似无关事物之间的内在联系，从迥异领域中汲取灵感，打破思维定式，摆脱固定模式的束缚，以灵活多变的姿态处理与解决问题。

第八章　变通技术

　　思维变通是提升思维灵活性的重要手段，我们通过运用逆向、联想、弹性、创新及系统思维等技艺，通过保持开放心态、持续学习、灵活适应环境变化、多角度审视问题、勇于尝试与创新、制订多种备选方案以及培养发散性思维，可以增强思维的灵活性和创造力。除此之外，在面对复杂多变的情况时，我们也可以运用极点思维，善于通过极点来变通问题或简化问题，从而迅速调整思路，超越传统思维模式，找到更有效的解决方案。

第一节　思维变通基本原理

　　矛盾是普遍存在的，是事物发展的内在动力。矛盾的统一和对立不是孤立存在，而是相互联系、相互作用的。例如：在自然界中，生与死、阴与阳、寒与暑等，它们是相互统一和相互对立、相互联系和相互依存的，共同构成了自然界的多样性和复杂性。

　　所有矛盾的对立都是建立在同一性基础之上的。矛盾表现出对立的一面，同时，所有因素共享着事物基本的属性和特征。矛盾的同一性使事物因素实现沟通和转化，为我们解决问题和推动事物发展提供了思路和方法。

特殊与普通是既相互对立又相互联系的矛盾。一方面，特殊事物中蕴含着普遍的因素。具体的事物存在其独特的性质、形态和功能，这是它的特殊性。然而，特殊性并不是孤立的，而是普遍规律的体现。例如：一棵树作为特殊事物，它的生长、繁殖等过程遵循着生物学的普遍规律。因此，特殊事物的普遍性，能够从个别中看到一般，从特殊中把握普遍。另一方面，普遍的事物也总是寄寓于特殊事物之中。普遍规律并不是抽象、悬空的存在，而是通过特殊事物表现和实现的。没有具体的事物作为载体，普遍规律就无法存在。例如：物理学中的万有引力定律，是一种普遍规律，只有通过观察地球吸引物体、月球绕地球运动等特殊现象，我们才能理解和验证这个定律。

特殊与普遍之间的这种紧密联系和内在同一性，为思维变通提供了事实基础和推理依据。思考和解决问题时，我们运用普遍规律指导对特殊事物的分析和处理。同时，我们从特殊事物的具体情况出发，灵活运用普遍规律，以实现思维的变通和创新。如果忽视了特殊与普遍之间的联系，那么思维变通就会失去根基，变得空洞无物。

一、思维变通原理

袁绪兴先生指出："既然现状存在着的两极对立总是彼此渗透、相互贯通，一极总是以某种原初的、潜隐的形式存在于另一极之中，在适当的条件下就会出现向着另一极的转化过程，那么，很显然，认识对立中的一极就应当能够成为认识另一极的合理的起点、牢靠的基石，为对另一极进行分析研究创造极为有利的条件，提供简捷有效的推演途径；关于对立两极的认识就应当是既有所区别，又可以相通的；对于某一极的认识成果就应当能够通过一定的中间环节，有条件地改造、变换、转化为对另一极的认识。人的思维活动必然是对在两极对立中的双方的认识的相互比照、启发与印证的作用中，在它们的彼此联结、沟通与转化的过程中得以不断扩展、完善和深化的。"

　　思维变通之所以可能，缘于矛盾的普遍性和同一性。思维变通技术是辩证法的对立统一规律在思维领域中的具体体现和运用。

　　第一，对立的两极总是彼此渗透、相互贯通的。意味着每一极都包含着另一极的某些元素或特征，它们并不是完全独立存在的。这种相互渗透和贯通为我们提供了从一极到另一极的认识桥梁。

　　第二，一极总是以某种原初的、潜隐的形式存在于另一极之中。说明了事物发展的连续性和渐变性，任何一极都不是孤立存在的，而是在对立中包含着对方。使我们能够在一个更广阔的视野下审视事物，避免片面和极端的认识。

　　在适当的条件下，一极会向另一极转化。这种转化过程揭示了事物发展的内在动力和变化规律。认识对立中的一极应当成为认识另一极的合理的起点、牢靠的基石，意味着我们能通过对一极的深入研究和分析，揭示另一极的特性和规律。这种相互启发和印证的认识过程有助于我们更全面、更深入地理解事物。

　　人的思维活动正是在这种相互比照、启发与印证的作用中得以不断扩展、完善和深化的。通过对比和联系对立的两极，我们能发现它们之间的共性和差异，深化对事物的认识。

　　对立两极的认识不仅具有深刻的理论意义，而且在实际应用中发挥着重要作用。科学家们研究自然现象时，经常需要识别并理解各种对立的概念和现象，例如：正负电荷、波粒二象性、阴阳五行等等。哲学家们通过探讨对立的概念和范畴，例如：存在与虚无、自由与必然、理性与感性等，深化对人生、世界和价值的理解。在经济学研究中，供需关系、通货膨胀与通货紧缩等对立概念，是理解市场运行和宏观经济政策的关键。在政治学研究中，民主与专制、自由与权威等对立概念，有助于分析政治制度和社会秩序。

　　我们在工作生活中，对立两极的认识随处可见，例如：合作与竞争、信任与怀疑、成功与失败、自信与自卑等；在绘画中，色彩的明暗对比、冷暖对比，构图中的平衡与失衡等；在教育领域中，理论与实践、记忆与理解、传统与创新等；在战略规划中，长期利益与短期利益、扩张与稳健等。通过认识和处理这些对立关系，我们能更好地适应社会环境，实现自我提升和成长。

二、思维变通技术研究内容

思维变通技术是一个深入且广泛的研究领域，它探讨的是那些看似对立的两极概念之间的辩证联系和内在统一性。

特殊是个别的、具体的事物或现象，普遍是它们所共有的、一般的特性或规律。在思维活动中，我们应当在特殊中看到普遍，从个别现象中抽象出一般规律；同时，要能够用普遍的规律去理解和指导对特殊事物的认识处理。

一般与极端是一对重要的对立概念。一般是指通常情况或平均状况，极端是指超出常态的、非常规的情况。在思维活动中，我们应当在一般中看到可能存在的极端情况，做好预防和应对措施；同时，要能够理解极端情况对一般规律的挑战和修正作用。

简单与复杂、正向与逆向、定性与定量、有限与无限、连续与不连续等等，这些对立概念是我们在日常思考和决策中经常遇到的，它们在思维变通技术中扮演着重要的角色。这些概念之间的辩证联系和内在统一性，帮助我们在面对复杂问题时能够灵活运用不同的思维方式和方法，找到解决问题的最佳途径。

从具有普遍意义的两极对立的一方考察分析，过渡到对另一方的认识，这是思维灵活转化、变通，跨越障碍、攻关破隘的有效途径。这种思维方式能帮助我们打破固有的思维模式，发现新的解决问题方法和视角。

第一，对一方进行深入的分析和考察，有助于我们理解其本质特征和内在逻辑，揭示它所蕴含的深层含义和普遍规律。这些规律性的认识不仅限于这一方本身，还可能对理解另一方具有启示作用。

第二，在理解一方的基础上，我们可以尝试将其与另一方进行对比和联系。通过对比，我们能发现两者之间的相似性和差异性，揭示它们之间的辩证关系。这种对比思维有助于我们跨越对立的障碍，看到双方之间的内在联系和相互转化的可能性。

第三，我们能运用各种思维变通技术促进从一方到另一方的过渡。例如：我们采用逆向思维，从相反的角度思考问题；或采用交叉思维，借鉴其他领域的知识和方法解决问题。这些变通技术能帮助我们打破思维定式，找到新的解决问题的途径。通过对两方的综合分析和把握，我们能形成更全面、更深入的认识。

了解两极对立双方之间的内在联系并掌握实现沟通、过渡与转化的有效方法，是思维技术探索的重要内容。

第二节　两极思维

东方哲学在认识事物的思维方式方面展现出独特之处，它并非仅仅专注于事物的单个方面，而是深入探索事物的正反两面，寻求二者的统一。例如：阴阳是宇宙间最基本的对立统一关系，它们相互依存、相互渗透，共同构成了世界的万事万物。"天下皆知美之为美，斯恶已；皆知善之为善，斯不善已。故有无相生，难易相成，长短相形，高下相倾，音声相和，前后相随。"《道德经》中的这段话，体现了老子深刻的辩证思维和对世界本质的独特理解，揭示了事物间的相对性和相互依存的关系。美与丑、善与恶都是相对的，它们的存在是彼此依存的。同样，有与无、难与易、长与短、高与下、音与声、前与后等对立面也是相互生成、相互成就的。这种对事物全面而深入的剖析，体现了东方哲学对于事物本质的深刻洞察。

两极思维是东方哲学中的一个重要概念。两极思维的基本特征，是在探索把握任何事物时，思维上具有正、反（阴、阳）两个极向，即同时探索把握事物正反两个方面，在向相反的两个认识方向的深入扩展中，达于合一。这种扩展的"合一"，便是事物深层本质的所在。这种思维方式突破了单向、片面的认知局限，要求我们在认识事物时，既要看到其正面的价值和意义，也要看到其反面的问题和挑战。

两极思维的运用有如下六种操作方法：

一、一分为二法

北宋朱熹曾提出"一分为二"法，即一种深入解析事物内在特性的哲学思想。朱熹主张在气与物的化生过程中，气一分为二，形成动与静的对立统一。动的是阳，静的是阴，动静不仅相对待、相排斥，而且相互统一，共同构成了宇宙万物的基础。朱熹提出的"一分为二"法，不仅是一种深刻而独特的哲学思想，也是一种对待复杂问题进行变通处理的思维方法，它通过对事物内在矛盾性的揭示和分析，为我们理解世界提供了有力的工具。无论是自然界的万物生长，还是人类社会的历史变迁，都体现了一分为二、对立统一的规律。

思维的"一分为二"法，指将一个问题或事物划分为两个相互对立的部分或方面进行分析。这是一种辩证的思维方式，旨在从多个角度全面、客观地看待和分析问题。

运用"一分为二"法引导思维变通时应注意以下几个问题：

其一，思考问题时，应当运用辩证思维，更全面、更深入地观察事物，看到事物的两面性。既要看到其积极的一面，也要看到其消极的一面；既要看到其表面的现象，也要深入探究其内在的本质。

其二，面对混沌问题时，要有灵活的思维方式，不被固定的思维模式所束缚。将杂乱无章的问题依据不同的标准，分解为矛盾发展的两个方面，深入探究事物的内在矛盾和发展规律，得出更深刻、更有价值的结论。

其三，运用系统思维方式，将宇宙万物看作是一个相互联系、相互制约的整体。思考问题时，将问题置于更大的背景和框架中考虑，关注事物之间的联系和相互影响，以全面、系统的视角分析和解决问题。

"一分为二"思维方式的操作步骤：

第一，确定问题或主题。比如，一个具体的决策问题、一个社会现象，或者是一个复杂的道德困境，等等。

第二，收集信息。包括不同的观点、证据、数据和经验等。确保你掌握的信息是全面的客观的，能有助于深入分析。

第三，分析正面与反面。正面，指的是积极、有利的方面；反面，指的是消极、不利的方面。列出每一面的主要论点、论据和可能的影响。

第四，评估与比较。评估每一面的合理性、重要性和可行性，比较它们之间的优劣和差异。

第五，综合思考。将正面和反面的分析结合起来，形成一个更全面的认识。考虑各种因素之间的相互作用和影响，以及它们如何共同构成问题的整体。

第六，制订决策或得出结论。一个具体的行动计划，或一个关于问题本质和解决方案的全面认识。

思维的一分为二操作并不是一个机械的过程，也是一个需要灵活应用、不断实践的思维方法。在实际应用中，我们应当根据问题的具体情况和复杂程度进行适当的调整和变化。同时，保持开放和客观的态度，更好地理解和处理各种信息与观点。

"一分为二"法的使用场景相当广泛，它适用于需要从不同角度、不同层面，全面分析和理解的问题或事物。例如：当面临一个复杂的问题，难以直接找到解决方案时，可采用"一分为二法"。通过将问题分解成两个不同的部分或方面，可更容易理解其内在的逻辑和关联，找到解决问题的突破口。当存在明显的矛盾或冲突时，使用"一分为二法"有助于从两个对立的角度看待问题，找到平衡或调和的方法，减少偏见和片面性。

二、合二为一法

"合二为一"源于清代思想家方以智的哲学思想，体现了一种对事物对立统一关系的深刻认识。强调探索和理解事物时，应同时把握正反两个方面，在思维的深入扩展中达到对事物深层本质的统一认识。

第一，要求我们在认识事物时，具备一种全面的、双向的思维方式；不仅要看到事物的正面，也要看到其反面；不仅要理解其显现出来的特征，也要探究其潜在的本质。这种思维方式有助于我们超越表面的、片面的认知，深入事物的内在结构和本质属性。

第二，强调在思维的深入扩展中实现统一。我们在对事物正反两方面的认识中，要找到它们之间的内在联系和共同之处。

第三，要求我们全面考察事物，从整体上把握，不能仅仅从某一方面或某一角度认识它。合二为一实现思维的变通，是一个深度整合与创新的过程。

如何做到"合二为一"？要求我们明确"二"和"一"的具体内涵和价值。

（一）明确"二"的具体内涵

"二"可以代表任何两个相互关联或相对立的两个方面，例如：事物、观点、理论等等。可以是任何两个需要合并的对象，例如：两个企业、两个理论观点、两种技术方法等等。二者之间存在一定的联系和差异，为我们提供了思考和探索的空间。同时确立合并的动机和目标，希望通过合并达到什么效果或解决什么问题。

（二）考察"二"的特征

对每一个对象进行深入研究，了解它们的性质、功能、结构、历史背景等等。比较两个对象之间的异同点，包括它们在概念、功能、结构等方面的相似之处和不同之处。分析这些异同点对合并过程的影响，识别可能产生的冲突或问题。考察每个对象与合并目标的相关性，评估它们对合并过程的潜在贡献和潜在障碍。

（三）分析合并的思维价值

通过分析和评价，探讨它们各自在思维领域中的贡献、意义以及局限性，发现它们之间的潜在联系和互补性。对"二"的考察，目标是找到要合成的"一"。"一"代表的是合成后的新整体或新概念，它应当能够融合"二"的优点，同时能弥补它们的不足。探讨合并后可能带来的新优势、新机遇或新视角，分析合并对整体系统或更大环境的影响，为后续的合并操作提供有力的支持。

（四）制订合并方案

根据对比分析的结果，制订详细的合并方案。包括确定合并的方式、步骤、时间表和责任人等等。制订方案时，应当充分考虑合并过程中可能遇到的挑战和风险，制订相应的应对策略。

（五）实施合并

按照合并方案逐步推进合并过程，确保各个环节的顺利进行。在实施过程中，密切关注合并的进展和效果，及时调整方案应对可能出现的问题。

（六）评估与反馈

对合并结果评估，分析合并是否达到了预期目标。收集反馈意见，了解合并后可能存在的问题或不足，为后续的优化和改进提供依据。

通过一系列的步骤，合二为一法能够实现两个或多个对象的深度融合，发挥出它们的综合优势，推动整体系统的发展和创新。在实际操作中，注意合并过程可能因具体情况的不同而有所调整，但是，基本原则和思路是一致的。

三、执两端用其中法

执端求中法，是一种折中妥协法，执其两端，关注中间，把握尺度，兼容中和。强调在两端之间寻找一个妥协点，使当事各方都能接受。

儒家经典《中庸》提出，执其两端而用其中。要做到"中"，必须"执其两端"。注重平衡各方利益，避免冲突和矛盾。两端也就是两极。中庸强调两极思维。

佛学要求破除取舍，兼取两端，不起分别心。成佛者，即将对立的事物悟而为一。

孔子曾说："执其两端，用其中于民。"孔子认为，在处理社会事务和人际关系时，应当避免过于偏激或片面的行为，要寻求一种既能满足各方需求，又能维护整体和谐的中间道路；体现了孔子对和谐、平衡和公正的追求，也是中庸之道的精髓。这里的"两端"，指事物的两个极端或对立面，"用其中"，指找到这两个极端之间的中道，也就是平衡点。在处理事务时，我们应当把握事务的两个极端，然后在其中找到适当的平衡点，适用于民众处理各种事务。

朱熹对这句话的注解："凡物皆有两端，如大小厚薄之类。于善之中，又执其两端，而度量以取中，然后用之。"宋明理学代表人物的朱熹，对孔子中庸思想的深入解释和发展，进一步明确了"两端"的具体含义，并强调了"度量以取中"的重要性。他提到"凡物皆有两端"，意味着无论是自然界的事物还是社会现象，都存在着相互对立的两个方面。例如：大小、厚薄等都是事物属性的两端。在理解这些对立面的基础上，我们应当进一步"执其两端"，即深入探究这两个极端，理解它们的本质和特性。

然而，仅仅理解两端的对立性是不够的，我们还应当理解如何"执"，如何"度量以取中"。如何"执其两端"呢？

其一，应当尽可能多地弄明白两端是什么，意味着要深入研究和理解事物的两个对立面，它们的特征、表现方式以及它们之间的关系。只有对两端有了充分的认识，才能更好地把握它们之间的平衡点。

其二，应当牢牢抓住两端。我们在思考和创作过程中，应当始终关注事物的两个极端，避免偏离或忽略任何一个方面。

其三，应当反复比较和分析两端，更准确地把握它们之间的差异和联系。

其四，应当在两端之间"求其中"。什么是"中"？朱熹从方法论上解释为"中者不偏不倚，无过不及之名"。代表着一种不偏不倚、无过不及的状态或追求，体现了一种在度的把握上恰到好处的智慧，是一种平衡和谐的状态。朱熹的解释，强调了"中"在方法论上的重要性，即我们在处理事物、作出决策时，应当追求一种平衡和适中，避免过于偏激或片面的行为。

如何"求其中"？朱熹认为，要找到事物的中道，需要对事物的两个极端有深入的理解和把握，通过审慎的思考和度量，才能找到最合适的平衡点或融合点。平衡点既不是简单地折中或调和，也不是盲目地追求中间状态，而是在全面考虑各方面因素的基础上，避免了片面和偏激，更符合事物的本质和真相，是当时当下最符合实际情况和整体利益的决策。

例如：人们在审美创造（创作）活动中，自然会遇到显而易见的两种情况。一种是人们对于自然客体之审美的表达欲望；另一种是人们对于自我精神主题冲动的表现欲望。两者显然是对立的，互不相容的。同时，二者都可被证明是"正确"的。前者发展为再现艺术，后者发展为表现艺术。什么才是艺术的本质？是再现现实，还是表现内心？这一问题，公说公有理，婆说婆有理。从两极思维的观点来看，执其两端而用其中是一种中和的观点，即：艺术的本质是主体表现与客体再现双方的对应统一。

从二元对立非此即彼的单向思维发展到执其两端、关注中间的全面辩证思维，有利于思维的解放和变通，也是文艺创造的重要方法。例如：小说创作中，英雄人物和反面人物是两个极端，运用执端求中法创作人物，有助于人物形象的丰满和多样化。[①]

"妙在似与不似之间"，这种艺术审美观念的确立，正是东方两极思维的产物。中国意象美术在追求极似与极不似的过程中，并非寻求二者的折中或中间状态，而是同时向两个极端深入。画家采用既具象又抽象的表现手法，在向具象的极似深入之时，同时也在向抽象的极不似深入，使画面既具有客观真实性又具有主观情感表达力。

"妙在两者之间"是执端求中两极思维的惯用语。它在多种情境下被用来描述、探索和寻求两种极端或对立面之间的平衡点、中间状态或相互关系，也是人们寻求平衡、和谐与创新的重要思维方式。它强调对事物的全面考察，不仅仅停留在其单一的一面，而是应当深入两个对立的极端，从中找出它们的共通点、连接处或转换方式。

"执其两端而取其中"与"合二为一"的思维方法有一定的相似之处，同时，也存在显著差异。相似之处表现为二者都强调了对不同元素或观点的整合与融合。差异主要体现在具体操作、侧重点和适用范围上。在操作侧重点上，"执其两端而取其中"更注重在事物的两个极端之间寻找一个中庸的、适度的平衡点，强调对事物的全面考察和平衡考虑，避免过于偏向任何一方。合二为一的思维方法更注重将两个或多个元素或观点进行实质性的融合，形成一个全新的、具有综合优势的整体，强调的是创新和突破，通过融合不同元素创造出新的价值。在适用范围上，"执其两端而取其中"更多地应用于需要在两个相对立的观点或方案之间作出选择的情况，例如：决策制订、问题解决等等。合二为一的思维方法更广泛地应用于需要整合不同资源、观点或技术的情况，例如：创新设计、团队协作等等。

与"执其两端而取其中"相反，还有一种两端舍弃法。即主张完全舍

---

① 李德仁. 论两极思维与艺术［J］. 书画艺术，2009（5）：70-72.

弃两端的极端观点或方案，寻求一个全新的、与两端都不同的解决方案，它适用于那些需要突破传统思维框架，寻找创新解决方案的问题。

四、一端优先法

一端优先法，顾名思义，指解决问题时优先考虑某一端或某一方向。这种解决问题的策略，核心思想是面对复杂问题时，因无法全面考虑所有可能的情况，只好根据问题的特性、经验、直觉或先前知识，优先关注或处理某一端或某一方向，快速缩小问题范围，提高解决问题的效率。这种方法在特殊场合能发挥一定作用，特别是在资源有限、时间紧迫或需要快速作出决策的情况下。

（一）操作步骤

第一，理解问题。深入理解问题的本质、目标以及约束条件。对问题的全面分析，识别关键变量和影响因素。

第二，确定优先端。根据问题的特性、经验或直觉，判断哪一端或哪个方向更有可能解决问题或达到目标。可以是基于问题的结构、历史数据、专家意见或者其他相关信息。

第三，制订策略。确定了优先端，应当围绕这个端点制订具体的解决策略或行动计划。包括设定优先级、分配资源、确定时间表等等。

第四，实施并监控。按制订策略实施，并密切关注进展和反馈。在实施过程中，可根据实际情况对策略微调。

第五，评估与总结。问题解决后，对整个过程进行评估，分析成功或失败的原因，总结经验教训。

通过优先处理某一端或方向，可快速缩小问题范围，提高解决问题的效率。

（二）几种不同形式或变种

1.一端优先，再逐步逼近法

这种方法结合了"一端优先"和"逐步逼近"两种策略，是先从对立两极的一极入手，通过改革、变换、转化到另一极的思维方法。首先，根据问题的性质和目标，确定一个优先的端点或方向。然后，从这个端点出发，逐渐调整方案，通过逐步逼近的方式寻找问题的解。这种策略强调在优先端的基础上，有目标的搜索和细化，缩小范围并最终找到解决方案。这种方法在搜索空间较大或问题复杂时特别有效，它能够逐步缩小范围，快速定位到问题的关键部分，避免在无关紧要的细节上浪费时间和精力，提高解决问题的效率。前提是需要确保所选的优先端是正确的，否则，可能导致整个解决过程偏离正确的方向。

2. 偏重两极中的一极，以一方来映衬另一方

这种方法在一端优先法的框架内，更侧重于通过对比和映衬凸显某一方面的特性。不是直接解决问题，而是通过强调一极间接强调另一极。

这种方法一般用于艺术创作或理论阐述中，强调两极中的一极来反衬和凸显另一极的特点，两两映衬，高下分明，或赞美，或贬低，每一方都促成了对方的存在。例如：戏曲理论中，形与神是两个重要的概念，有时为了突出"神"（内在精神）的重要性，会特别强调"形"（外在表现）的次要性，以此来映衬"神"的核心地位。情节上，戏曲作家追求虚实结合、冷热相济、奇中见常，要闲中不闲，苦乐交错，节奏有张有弛，实现从一个极端到另一个极端的过渡和转变，对烘托人物的情感起到很好的作用。

应当注意，偏重也要讲究一个"度"，避免过度强调一极而忽略另一极，导致片面或失衡。

3. 执一端求另一端法，即"正求反"

执一端求另一端法，指通过研究或理解一个端点或方面，推导出另一个端点或方面的特性。基于事物之间的内在联系和相互影响，通过优先关注和研究一个端点推导或理解另一个端点，实现从一个极端到另一个极端的过渡和转变。

根据两极思维法，任何一种观点具有价值时，同时，也存在相反观点的价值。例如："纯粹手工艺术最好"，这一观点强调艺术家亲手创作的重要性，认为它承载了匠人的情感与温度，是不可复制的艺术灵魂。然而，当我们依据这一观点去探求其相反的方面时，便会发现非手工艺术的好处，比如，"数字艺术"也有独特魅力。

　　一种被广泛接受的观点，其背后往往蕴藏着同样值得探索的相反观点的价值。我们依据已有观点在艺术研究中探求其相反的方面，就自然会求出具有另一种价值的相反观点，也就发现了新的观察方法。

　　"正难则反法"也是通过"执一端求另一端法"的思维方法。在面对复杂或难以直接解决的问题时，通过转换思路，从问题的相反方面或反面入手，简化问题、找到解决方案。例如：当一个人遭遇不公平对待、恶言恶语、排挤打压甚至伤害时，他可能会陷入极度的气愤、痛恨和悲惨情绪中，难以自拔。然而，他能从另一极逆向思考，将这些伤害视为对自己意志的考验和成长的催化，他的思维方式就会发生变通。变通思维使他能够转变对困境的看法，从消极变为积极，从被动变为主动。他不再将伤害视为纯粹的负面因素，而是将其视为一种促使自己成长和进步的机会。他可能会发现生活中的挑战和困难实际上是他成长道路上的助力，是塑造他坚韧性格和强大内心的重要因素。这些认识会激发他的积极情绪和动力，使他更加勇敢地面对生活中的困难和挑战。

　　总之，以上情况可看作是一端优先法在不同领域和场景下的应用形式。虽然具体操作和侧重点有所不同，都遵循了优先关注一端的基本思路，并根据特定需求进行相应的调整和发展。前提是确保所依据的端点是正确和可靠的，否则，可能导致错误的推导或结论。

五、两极交替突进法

　　两极交替突进法，指思考、创作或决策过程中，通过交替关注并强调两个相对立的极端，推动思考和创新的方法。这种方法在许多领域中有应用，特别是需要深度理解和全面分析的情境中。

　　具体操作上，两极交替突进法要求我们先从一个极端出发，深入探究其特性和影响，转而关注另一个极端，进行同样的深入探究，如此往复。通过这种交替式思考，我们可以更全面地理解问题的各个方面，发现潜在的联系和新的视角。

　　艺术创作中，这种方法可帮助艺术家突破传统的思维框架，创造出更具深度和层次的作品。例如：小说戏曲创作中，双线叙事结构是一种常见的叙事手法，这种结构通过两条平行并列的线索推动故事情节的发展，使作品更加丰富和引人入胜。具体而言，作家会设置立场对立的两个主人公，他们各自引领一条线索，这两条线索在故事中相互交织、相互呼应。不仅故事情节更加跌宕起伏，还能凸显出人物之间的矛盾冲突，增强故事张力。

　　双线叙事中，主线的设置一般承载着作品的核心情感和主题。例如：《牡丹亭》中的柳梦梅和杜丽娘的爱情主线。这条主线贯穿整个故事，是吸引读者和观众的主要动力。副线往往作为主线的补充和衬托，通过描述时代背景、社会变迁等要素，为故事提供更加广阔的背景和更为合理的情节发展。《牡丹亭》故事中，宋金战争作为副线，为故事提供了时代背景，还通过交替出现的方式与主线相互呼应。这种设置使故事在情感上更加丰富和深刻，也使文场与武场、冷场与热场得以调剂，增强了戏曲的观赏性和艺术性。同时，这种双层立体的间架结构也使两极思维方式由平面变成立体。在故事中，主线与副线之间构成两极对应，人物之间、情节之间也往往存在着对立和统一的关系。这种立体的思维方式使作品在内涵上更加深邃和复杂，也增加了读者和观众的思考和解读空间。

　　应当注意，两极交替突进法并不是一种简单的"非此即彼"的思维模式。我们关注一个极端的同时，始终应当保持对另一个极端的关注和思考。只有这样，我们才能真正实现两极之间的交替突进，推动思考和创新的深入发展。

六、知白守黑法

"知白守黑"出自老子所著的《道德经》，原句为："知其白，守其黑，为天下式。"这是一种韬光养晦的处世哲学，也是一种思维方法，强调在认识和理解事物时，要全面理解和深刻洞察。

知白守黑法，"白"代表事物的表象、外在形式，是我们可直接观察和理解的部分；"黑"代表事物的内在本质、深层规律，是要求我们深入发掘和理解的部分。知道事物的表象（白）是基础，停留在表面是不够的。真正的智者，要了解事物的外在形式和变化，更要能洞察其内在的本质和规律（黑）。这种由表及里、从现象到本质的思维方式，有助于我们更全面地认识事物，更准确地把握事物的本质和规律。

"知白守黑"也是一种两极思维模式，白与黑代表了事物的两个极端或对立面。白，一般代表明亮、清晰、积极的一面；黑，一般代表阴暗、模糊、消极的一面。在"知白守黑"的思维中，我们应当认识白的一面，即事物的积极、明朗的特质，还应当"守其黑"，能洞察和理解黑的一面，即事物的消极、复杂的面向。同时，保持对黑的一面的警觉和谨慎，不被其迷惑或误导，保持对事物的全面把握和正确判断。

禅宗的"面南看北斗"，与知白守黑法有异曲同工之妙。"面南看北斗"指人的思维"看"南时，也应当同时"看"到北。我们常规思维中，面南自然无法看到北斗，因为北斗位于北方。然而，禅宗的这一说法意在提醒我们，在看待问题时，不应只局限于眼前或表面的现象，而应有一种全面、深入的洞察力。即使身体面向南方，思维也应当超越方向的限制，理解和感知北方的北斗。这要求我们拥有一种超越常规、全面把握事物本质的能力。

老子的"祸兮福之所倚，福兮祸之所伏"及《易经》对阴阳的缜密阐述，体现了知白守黑的思维方式。在祸与福的问题上，是对祸与福的全面认识和理解，不单纯地看待祸或福，而是看到它们之间的转化和相互依存关系。例如：一个人面对日常生活事件时，若能以这种相对的观点思考一件事情的发展，认为"好"未必"全好"，能够居安思危，保持清醒和警觉；当遇到"坏"时，更不会悲观绝望，而是努力寻找其中的转机，将其转化为福。这样的人就具有两极思维，既看到事物的积极面，也看到其消极面，同时，在两者之间找到平衡和转化的可能。

老子还说，"天下皆知美之为美，斯恶已；皆知善之为善，斯不善已"，他指出美和恶、善和不善是相对的，它们的存在是互相依存的。"故有无相生，难易相成，长短相形，高下相倾，音声相和，前后相随"，进一步阐述了事物之间的相对性和互相依存的关系。"故必贵而以贱为本，必高矣而以下为基""将欲弱之，必固强之；将欲废之，必固兴之；将欲夺之，必固与之"，要求我们处理问题时，可采取反向思考的方式，应当看到事物的对立面，通过强化对方来达到自己的目的。这种理解事物的方式，正是知白守黑思维的核心。要认识到事物的两个方面，不能只看到其中的一面。

《易经》对阴阳的论证是这种思维方式的更早运用。阴阳作为事物的两个对立面，既相互对立又相互依存，它们之间的转化和变化是事物发展的常态。两极思维的重点不仅在于阴阳等对立并存，更在于两极思维应是一种动态互变。

例如：日常生活工作中，面对纷繁复杂的生活事件和人际关系时，我们应当采取"相对"与"变动"的观点看待问题，是非常智慧和实用的思维方式。强调事物并非一成不变，而是处于不断的变化和转化之中。"乐极生悲""否极泰来"等成语所表达的，任何事物都有其相对性，极端的状况可能引发相反的结果。我们遭遇困顿或不如意时，具有阴阳两极思维的人不会只是单纯直线性地思考，认为"一好百好"，而是会思及负向结果出现的可能性，知道善始未必善终，结果也常会随着时间或环境的变化而转坏；相对地，当人遭遇负向事件时，阴阳两极思维也会让个体思及正向结果出现的可能性。这些"负向事件仍有好转的可能"（"负转正"）及"即便此刻顺遂但未来或许会逆转"（"正转负"）的想法，这些展现了阴阳思维所涵盖的变化。[①]

知死者要惜生。例如：作家史铁生思考生命的意义是从死的一端开始的，从而悟到人早晚要死，何必那么急呢，既然不必急着去死，那么就该认真考虑"怎样活"的问题。史铁生从思考死亡的极端结果出发，领悟到生命的真正意义，这种思维方式确实体现了从一极到另一极的跨越，与"知白守黑"有着异曲同工之妙。史铁生从死亡的阴影（黑）中洞察到生命的珍贵（白），使其更加珍惜和热爱生命。

例如：陶渊明喜欢并善于从相反的两极中表现自己的人格、理想、节操、爱憎等内在精神，这不是偶发的文艺现象。"生与死、贫与富、善与恶、穷与达、荣与辱……"，几乎成为文学作品中永恒的两极，展现出不同时空中人们灵魂深处共有的矛盾。陶渊明以他的睿智在诗文中开创了一个两极辩证的新时代，同时，也留给后人一个永恒的思考空间。

总之，两极思维法，是一种有效的实用的思维变通方法。不是一种简单的折中或妥协，而是在深入理解对立面的基础上，通过创造性的思维和操作，实现真正的思维变通和创新。实际运用时，我们应当根据问题的性质、目标及利益相关者的需求选择合适的方法，同时，应当保持开放的心态和灵活的思维方式，勇于尝试新的思考方式和解决方案。

第三节　极点思维

一、极点思维概述

极点思维，指深入研究和利用问题或情境中特殊点的思维方式。特

[①] 孙蒨如.阴阳思维与极端判断：阴阳思维动态本质的初探 [J].中国社会心理学评论，2014（1）.

殊点，例如：端点、中点、节点、特点、界点、关键点、中心点、转折点、起点、终点、看点、爆点、基点、重点等等，都可视为不同种类的极点。抓住这些极点研究，实现思维变通，有利于简化和极化问题的存在条件，使问题迎刃而解。

科学研究工作中，极点思维有助于研究者忽略那些与课题无关的次要因素，将问题的存在条件简化，更高效地找到问题的解决方案。这种思维方法注重从多个角度和层次分析问题，寻求最优解，不是简单地划分为两个极端。

"极点"中的"极"具有多种含义，具体含义取决于它在哪个语境或领域中应用。一般意义上，"极"可以表示顶端、最高点或尽头，如"登极"意味着帝王即位，或者"登峰造极"表示达到极高的境界。此外，"极"还可用来指地球的南北两端，如"南极"和"北极"，或者电路、磁体的正负两端，如"阳极"和"阴极"。在数学的线性时不变系统或物理的电磁学等领域中，"极点"特指一种特定的点，如传递函数分母为零的点。

当"极"与"点"结合形成"极点"时，其含义取决于学科领域及上下文。在许多情况下，极点是特点中更特别的一种，表示某种界限、顶点或特定的点，有更加特殊和重要的性质，某些方面达到了极限或有某种极端特性的关键点。

第一，内容方面，极点可能是问题的极端情况。这是极点思维中最为直观的一种，它涉及问题可能出现的最糟糕或最理想的情况，对这些极端情况的分析，可帮助我们更好地理解问题的边界和潜在风险。

第二，极点可能是问题的关键转折点。有可能是问题发展过程中起决定性作用的关键时刻或事件。识别和利用这些转折点，可影响整个问题的走向和结果。

第三，极点可能是核心利益相关者。复杂问题处理中，涉及多个利益相关者，他们的立场和需求可能截然不同。极点思维应当特别关注那些对问题结果有重大影响的核心利益相关者。

第四，极点可能是资源或能力的极限。包括可用的资金、人力、时间等资源的极限，个人或组织能力的极限。了解这些极限有助于我们制订现实可行的解决方案。

第五，极点可能是人的情绪或态度的极端。在某些情况下，人们的情绪或态度可能成为解决问题的关键。例如：过度的乐观或悲观可能影响决策的质量。极点思维应当关注这些情绪或态度的极端表现，同时，尝试找到平衡点。

从极点的构成情况考察，可促进思维变通的极点主要包括：

第一，结构性极点。主要涉及事物的结构或组织方式。例如：端点和中点在数学或几何学中代表了线段或形状的基本结构；节点，在网络科学中代表了网络的基本组成单位。这些极点对于理解事物的整体结构和组织至关重要。

第二，特性极点。主要描述事物的特征或属性。特点描述了事物的独特性质，界点代表了两种不同状态的边界。有助于我们深入理解事物的本质和特性。例如：思考问题时，问题定义的极点通常限制了思维的范围。重新定义问题，突破原有的定义和限制，重新界定问题的本质和关键要素，可发现新的解决途径。

第三，过程性极点。主要关注事物的发展过程或变化。转折点，代表了事物发展过程中的重要变化点，起点和终点分别标志着过程的开始和结束。有助于我们把握事物的发展规律和趋势。

第四，功能性极点。主要强调事物在特定情境或系统中的功能和作用。关键点、中心点、爆点等都属于这一类。它们对于理解事物在整体系统中的作用和影响具有重要意义。

第五，认知性极点。主要涉及人的认知过程或角度。看点、基点和重点等是我们从特定角度或关注点出发，对事物进行认知和解读的极点。

　　第六，决策性极点。它与决策制订和选择有关。我们面临多种选择或不确定性时，决策者可能会关注某些关键极点，例如：潜在的风险点、收益最大化点或决策转折点。有助于决策者权衡利弊，作出更明智的决策。

　　第七，情感性极点。涉及情感、情绪和感受等方面。在人际交往、情感管理或心理分析中，情感性极点可能表现为情绪的爆发点、情感的转折点或情感的高峰与低谷。理解和利用它有助于更好地把握和处理情感问题。

　　第八，创新性极点。与创新思维和创造性解决问题相关。创新过程中，我们可能关注那些能够激发新想法、新观点或新解决方案的极点，例如：创意的起点、灵感的触发点或创新的突破点。有助于推动创新思维和创造性发展。

　　第九，资源性极点。与资源的分配、利用和管理相关。项目管理、资源配置或资源优化中，我们可能会关注资源的限制点、资源利用的高效点或资源的瓶颈点。合理利用这些极点，可提高资源的利用效率，获得更好效果。

　　应当注意，这些分类并不是绝对的，不同的极点可能在不同情境下有不同的作用和意义。界限和限度是由有关的具体条件决定的。随着条件的改变，界限和限度就会发生变化。对于确定的条件，相应的界限和限度具有不变的性质。主动地改变条件，才能使界限和限度发生相应变化。墨守成规，不求进取与创新，就无法超越原有的限度，进入一个新的境界。

　　极点思维的核心在于根据问题的具体需求，灵活识别和利用这些极点，揭示问题本质，找到有效的解决方案。因此，在实际应用中，我们应当根据具体情况细化和扩展这些分类，更好地适应不同的问题和挑战。

二、极点思维形式

依据极点类型的使用特点，极点思维形式有以下几种：

（一）结构性极点思维

结构性思维，指将复杂事物分解为相互关联的要素，对这些要素进行系统、逻辑地分析和思考的思维方式。强调结论先行、上下对应、分类清晰和排序逻辑等，有助于我们更好地理解和解决问题。

结构性极点思维，指在结构性思维的框架内，进一步关注事物或问题的极端情况与极点状态的思维方式。强调分析和解决问题时，要考虑一般情况，同时，要特别关注事物发展的极端情况，注重发现并利用事物中的独特元素和关键点，揭示事物的本质和潜在价值。

结构性极点思维，要求我们从整体和局部两个层面，对事物的结构和特性细致入微地观察和分析，帮助我们识别出可能存在的最大风险或最大机会。整体结构方面，强调对事物的宏观把握。分析与整合结构元素和特性信息时，结构特性思维强调对信息的全面性和准确性把握。我们应当系统地收集、整理和分析相关信息，确保信息的完整性和可靠性，全面了解事物的构成框架、组成部分之间的关系以及整体运作机制。局部特性方面，要求我们关注事物的细节特征。包括事物的独特元素、关键点及它们在整体结构中的作用。深入挖掘这些局部特性，我们可发现事物的独特价值和潜在优势。

结构性极点思维的操作方法与步骤：

第一，识别结构。分析事物的组成部分和相互关系，识别关键的结构元素，明确其整体结构。

第二，提炼特性。对每个结构元素深入分析，了解其特性和功能；整合结构元素和特性信息，形成对事物的全面理解，识别并提炼出事物的独特特性或属性。

第三，利用极点。基于结构和特性的分析，找到并利用关键的结构和特性极点，推动问题的解决或创新的实现。根据分析结果，提出优化或改进建议。

结构性极点，指在问题或现象中存在的关键节点或转折点，对于理解和解决问题具有重要意义。结构性极点可包括：

（1）问题的核心矛盾点。这是问题中最为关键和突出的矛盾所在，是解决问题的重点和难点。识别并解决这些核心矛盾点，是推动问题解决的关键步骤。

（2）变化的临界点。某些情况下，事物的状态或性质，随某些条件的变化而发生根本性的转变。这些变化的临界点就是结构性极点，对于预测事物的发展趋势和制订策略具有重要意义。

（3）发展的瓶颈点。事物发展过程中，有时遇到一些限制其进一步发展的瓶颈点。可能是资源、技术、政策等方面的限制，突破这些瓶颈点有助于推动事物的快速发展。

（4）信息的交汇点。信息丰富且复杂的情况下，信息的交汇点一般是问题的关键所在，可能隐藏着问题的真相或解决方案的线索。通过深入分析和挖掘这些信息交汇点，有助于找到解决问题的突破口。

（5）利益的平衡点。涉及多方利益的复杂问题中，利益的平衡点一般是解决问题的关键。找到并维护这个平衡点，有助于协调各方利益，推动问题的解决。

应当注意，结构性极点的具体表现形式会因问题的性质和背景而有所不同。因此，在实际应用中，我们应当根据具体情况深入分析和判断，确定问题的结构性极点并制订相应的解决方案。同时，识别和利用结构性极点也需要一定的经验和技巧，要求我们在实践中不断积累和学习。

（二）过程功能思维

过程功能思维，指关注事物的发展过程和功能作用，分析事物的发展阶段和功能特点，理解事物发展过程的阶段性、连贯性和功能的关键性，发现潜在的问题和改进空间，优化流程、提升效果。

操作方法与步骤：

第一，分析过程。梳理事物的发展过程，看看事物的发展过程可划分几个关键阶段，分析每个阶段有什么特点，哪些是关键节点。

第二，明确功能。想想每个阶段都是为了什么，有什么主要任务，可能会遇到什么问题，确定事物的核心功能和目标效果，识别潜在的风险和机会。

第三，优化流程。评估事物的功能作用，了解其在整体系统中的地位和作用；看看它们之间怎么连得顺畅，哪里可以改得更好，让整个流程更顺畅。

第四，强化功能。针对最重要的部分功能，想想怎么加强它，让整个事情取得更好效果。

（三）认知决策思维

认知决策思维，指用我们的大脑更聪明地做决定。它像个超级过滤器，帮我们从一堆信息里挑出最重要的关键信息，然后评估哪个选择最划算，还不忘考虑可能的风险。它强调认知能力的提升和决策过程的优化；关注信息的全面性和准确性；强调对信息的筛选、提炼和评估；注重决策过程中的风险评估和收益最大化。

操作方法与步骤：

第一，收集信息。广泛收集与问题或决策相关的信息，包括事实、数据和观点等。

第二，提炼关键。对信息筛选、分类和整合，从大量信息中提炼出关键信息和核心要素，形成清晰的问题描述和分析框架。

第三，分析利弊。评估不同选项的潜在风险和收益，考虑长期和短期影响；考虑不同决策方案的潜在收益，进行权衡和比较。

第四，作出决策。基于风险评估和收益权衡，作出明智的决策，制订决策方案并明确实施步骤；监控决策执行过程，及时调整和优化决策方案。

三、极点思维方法举例

（一）抓牛鼻子

抓牛鼻子策略，是一种高效且有针对性地解决问题的方法，强调在解决问题时，通过分析问题的结构，找到问题的关键所在，牢牢抓住问题的核心或关键点，也就是"牛鼻子"，集中力量解决这个关键问题，从而带动整个问题的解决。

抓牛鼻子的策略，多个方面都有其独特的优势：其一，能帮助我们快速聚焦问题的本质，避免在次要或无关的细节上浪费时间和精力；其二，解决问题时，资源是有限的，如果我们能将有限的资源集中投入解决关键问题上，就能最大限度地提高解决问题的效率和质量；其三，抓牛鼻子的策略还能增强我们的信心和决心。

具体操作应当注意以下几点：

第一，准确识别问题的核心或关键点。我们应当深入理解和全面分析问题，透过现象看本质。牵牛为什么要牵牛鼻子？因为牛鼻子最敏感，最容易控制，抓牛鼻子就抓住了事物的关键，达到事半功倍的目的。

第二，具备足够的实力和智慧解决关键问题。牵牛要牵牛鼻子，牵马为什么不牵马鼻子呢？因为马与牛在实际用途和习性上存在差异。马在古代的作用主要是交通工具，骑马速度比较快，马的鼻子敏感且脆弱，如果用力过猛或处理方式不当，可能会导致马受惊，危及人的安全。每种动物都有其特定的生理结构和行为习性，控制它们的方式各不相同。我们通过缰绳和嚼子套在马头上控制其行进速度和方向，通过项圈或绳索控制狗的行动，这些是从我们思维目的出发，同时兼顾了不同动物特点与功能而作出的最佳选择。

第三，保持灵活性和应变能力。在实际问题解决过程中，情况可能会发生变化，我们应当根据实际情况灵活调整策略和方法，确保能顺利解决问题。

类似于牵牛鼻子这种利用极点思维解决问题的民间智慧还有很多。例如：

牵一发而动全身：在解决问题时，我们只需要稍微调整或改变某个关键部分，就能引发整个系统的变化。它提醒我们要善于找到那个能够牵动全局的"一发"，通过微小的调整来实现整体的优化。

釜底抽薪：从锅底抽掉柴火，水无法再沸腾。比喻从根本上解决问题，消除隐患，不是仅仅处理表面现象。

解铃还须系铃人：在解决实际问题时，应当找到问题的根源或制造问题的关键人物，从他们那里入手，才能有效地解决问题。

磨刀不误砍柴工：强调准备工作的重要性，在砍柴之前，先磨好刀，做好充分的准备和规划。虽然会花费一些时间，但可提高砍柴的效率。

众人拾柴火焰高：说明团结合作的重要性，只有大家齐心协力，才能取得更大的成就。

高灯照远亮：比喻要想看得更远，就应当有更高的视野和更明亮的灯光。

顺藤摸瓜：沿着某个线索或路径逐步深入，追踪并找到问题的关键所在，最终找到问题的根源或解决方案。

一着不慎，满盘皆输：我们作决策或采取行动时要谨慎小心，一个小小的失误可能会导致整个局势的逆转。强调了对关键点的重视和精准把控的重要性。

枪打出头鸟：指针对那些显眼或突出的人或事物进行打击或处理，这种方式可被视为一种抓极端的方法。

射人先射马，擒贼先擒王：强调了对关键点的识别和优先处理，在解决实际问题时，应优先攻击对方的关键环节或核心人物，通过解决主要问题带动整个问题的解决。

树倒猢狲散：通过消除或削弱一个核心或领导人物，达到解散一个团体或组织的目的。

打蛇打七寸：比喻在解决实际问题时，应当找到对方的要害或弱点，集中力量或精力打击。

揪住小辫子：抓住某人的小错误或不当行为不放手，集中力量打击或控制他。

单点打击：专注于攻击或处理一个特定的目标，期望通过解决这个极端个例影响整体情况。这可能是一种策略性的选择，也容易引发不公平或偏见的问题。

这些策略虽然具体表现形式和应用场景有所不同，但是它们都体现了一种在解决实际问题时，寻求有效切入点和关键要素的思维方式，从中我们可提炼出普遍适用的方法：

（1）精准聚焦与关键识别。在解决实际问题时，应当聚焦关键点，对问题深入全面分析，找到问题的关键所在，集中力量或精力解决。

（2）策略制订与预见性思考。基于问题分析的结果，制订具有针对性的策略，预测可能的结果和对方的反应。

（3）灵活执行与创造性应对。在执行策略时保持灵活性，要根据实际情况随机调整，创造性地应对可能出现的新问题。

（二）解剖麻雀

"解剖麻雀"是一个形象的说法，源于生物学中对麻雀的解剖过程。在思维方法中，它是一种深入分析、细致研究某一具体现象或问题的策略或思维方式。强调从个别到一般，通过深入研究一个具体实例揭示其内在规律或普遍原理。

"解剖麻雀"思维方法具体表现在以下几个方面：

（1）选择研究对象。选择具有代表性的一只麻雀（即具体现象或问题）作为研究的起点。确保这只麻雀具有足够的复杂性和丰富性，能揭示出更多的信息和规律。

（2）深入观察。细致入微观察麻雀，记录其外在特征、行为习性等。注意观察中的细节，不要遗漏任何可能的线索。

（3）系统分析。将麻雀分解成各个部分或方面，对每个部分进行逐一分析。探究各个部分之间的联系和相互作用及它们对整体麻雀的影响。

（4）揭示规律。通过分析，尝试揭示出麻雀的内在规律和普遍原理。这些规律和原理可能具有普遍性，适用于其他类似的现象或问题。

（5）验证和推广。将得出的规律和原理应用于其他类似的麻雀（即其他具体现象或问题），验证其普遍性和有效性。如果验证成功，可将这些规律和原理推广到更广泛的领域。

（6）反思和总结。在过程中不断反思，总结经验和教训。分析研究可能存在的局限性和不足，提出改进的建议。

（7）实践应用。将"解剖麻雀"的思维方法应用于实际工作和生活中，解决具体问题，通过实践进一步检验和完善这种思维方法。

"解剖麻雀"的思维方法的主要优点：

第一，深入性。能够深入探究问题的本质和内在规律。

第二，具体性。通过具体实例研究问题，使研究更加生动和具体。

第三，启发性。有助于发现新的规律和原理，为解决问题提供新的思路和方法。

第四，可推广性。通过验证和推广，可将研究成果应用于更广泛的领域。

总之，"解剖麻雀"是一种有效的思维方法，可帮助我们深入了解问题的本质和内在规律，为解决复杂问题提供有力的支持。类似的方法还有一叶知秋，窥一斑而知全豹，这些都是从有关的特殊情况开始思考，从中找到适当的突破口，达到从把握特殊到推断普遍，从认知部分到推断整体的方法。

（三）寻找突破口

特殊是普遍的一个局部、类别、单元和环节，是事物的存在方式。将特殊作为认知普遍的突破口，在各个领域中都显示出重要作用。

认识普遍应当从特殊入手。普遍性，指事物或现象中共同的、一般的属性或规律。特殊性，指事物或现象中个别的、具体的属性或表现。每一个特殊的事物或现象都是普遍规律在具体条件下的表现。通过研究和分析特殊性，我们可揭示出隐藏在其中的普遍性规律，深化对事物的认识和理解。因此，特殊是认识普遍的一个重要途径和突破口。研究和认识事物时，通过适当的变通方式，灵活运用各种方法和手段，通过由特殊到普遍的联系渠道，从特殊性入手，逐步拓展到普遍性，实现思维的变通。

通过寻找突破口，实现认识或思维由特殊到普遍的过程，涉及对具体问题的深入分析，以及将这些分析推广到更广泛的情境。

关键步骤和策略：

（1）识别具体问题。我们应当明确正在研究或解决的具体问题。这个问题可能是一个具体的案例、一个现象或一个特定的挑战。

（2）深入研究特殊案例。深入全面研究和分析选定的特殊案例。包括收集相关数据、观察现象、理解背后的原因和机制等等。确保对这个特殊案例有充分的了解。

（3）识别关键要素和模式。在特殊案例的研究分析中，尝试识别出关键的要素、规律或模式。可能是导致问题出现的核心因素，或者是解决问题的关键所在。

（4）提炼一般原理或理论。我们基于对特殊案例的分析和关键要素的识别，尝试提炼出一般性的原理或理论。原理或理论应当能解释类似情境中的现象或问题。

（5）验证和扩展。将提炼出的一般原理或理论应用于其他类似情境，验证其普遍性和适用性。如果原理或理论能在多个情境中得到验证，它就更有可能具有普遍性。

（6）反馈和修正。在实际应用过程中，不断收集反馈，根据实际情况对原理或理论进行修正和改进。这是一个不断迭代的过程，有助于逐步提高理论的准确性和普遍性。

（7）形成知识体系。通过不断积累和应用这些一般原理或理论，可逐步构建一个完整的知识体系。

在选择突破口时，应当综合考虑多个原则，确保能够高效、准确地切入问题。

第一，独特性或边界性原则。在区域分析时，可将处于独特的边缘和界限地位的特殊选作认知与把握普遍的突破口。这种特殊形态或者比较简单，而且具有代表性，能反映出普遍现象的一些关键特征。同时，处于边界地位，对于限定普遍形态的存在范围与具体性态方面起着特别重要的作用。因此，分析这些特殊形态，我们可以更好地理解和把握普遍现象。

第二，从起端开始原则。在一维序列分析时，一般可以把处于序列起端的一个或几个特殊对象作为认识与把握普遍的突破口。对处于起端的若干个对象的序次性的分析研究，一般可以找到认知和探求其他对象的一般规律和有效方法，达到对普遍的把握。因为序列的起端包含了事物发展的原始状态和初始条件，对于理解整个序列的发展过程具有重要意义。

第三，典型性原则。选择具有代表性的特殊对象作为突破口。能集中体现某一类事物的共同特征，通过分析它们，我们可以揭示出这一类事物的本质和规律。

第四，简单性原则。我们先从比较简单的特殊事物开始分析，逐步过渡到对普遍的认识与把握。避免一开始就陷入复杂的细节中不能自拔。

（四）从大处着眼

任何事物作为各种联系的焦点和网结，就像一个交通枢纽，周围有许多路通向它，而它也通向其他地方。要想真正了解这个交通枢纽，我们应当将它放到更大的地图里看，看看它和其他地方是怎么连接的。

有时候，我们碰到一些具体问题，可能认为很难解决。如果能跳出当前的小圈子，将问题放到更大的背景下去思考，放到相关的更为普遍的事物类别之中去审视，将它同范围更为广泛的其他事物联系起来，就可能得到关于它的更全面的认识。只有主动扩大认知视野，将这个问题和更普遍的情况联系起来，我们才能更快地找到解决办法，让事情变得更简单明了。

为什么要从大处着眼？因为，事物并不是孤立存在的，而是与其他事物存在千丝万缕的联系。每一个事物可以看作各种联系的焦点和网结，它通过与周围事物的相互作用和联系，形成了自己独特的存在方式、价值和意义。因此，要全面认识一个事物，应当将它放到相关的更为普遍的事物类别之中，同范围更为广泛的其他事物联系起来进行考察。

在特定条件下，某些问题可能只从某个具体的方面、联系和含义上提出，可能使我们的视野受到限制，难以找到有效的解决方案。然而，如果我们能主动扩展眼界，将这些问题与具有更大普遍性的问题联系起来，往往能够发现新的思考角度和求解途径。例如：科学研究中，一个看似复杂的问题，可能通过将其与更基础的物理、化学原理或更广泛的自然现象联系起来，能找到简洁而深刻的答案。在社会科学领域，一个社会问题的解决方案可能需要借鉴其他社会或历史时期的类似问题，通过比较和借鉴找到更有效的解决策略。

因此，我们应当从大处着眼，善于将不同领域、不同层次的事物联系起来，从中发现新的规律和联系，推动知识进步和问题的解决。

从大处着眼的常用方法有三个，一是扩大视野；二是增加维度；三是找上位概念。

1. 跨界思考，扩大运用范围

跨界思考，包含两种应用情况：一是跳出问题看问题，扩大范围找办法；二是跳出范围看成果，扩大成果适用范围。

第一种情况，我们面临复杂问题时，传统的直线思维方式有时无法提供理想的解决方案。此时，跨界思维价值显得尤为重要。能促使我们跳出问题的直接框架，从更宽广的视角审视问题，从其他领域汲取灵感和解决方案。跨界思维的关键在于扩大视野，我们能更深入地理解问题本质和根源，找到更有效的解决方案。在跨界思考过程中，不同领域的知识融合可能激发出独特的创新点，为解决复杂问题提供新的思路和方法。

例如：研究虎和鱼，我们不应仅仅局限于它们本身。近距离观察笼中虎，深入解剖盘中鱼虽然很有必要，但得来的结论不全面。虎啸深山，鱼翔湖海，才是它们生命的真谛。如何了解这些生物与它们所处的环境、生态系统以及与其他生物之间的相互关系？应当"放虎归山，养水放鱼"，研究"山中虎""水中鱼"，只有将它们置于其生长的环境中考察，置于更广泛的事物类别中考量，我们才能更深入地理解它们的生存需求和生态价值，以及它们在维护生态平衡中的关键作用。同时，我们还应当将这些生态问题与更广泛的社会、经济和环境问题相联系。通过跨界思考，我们才能发现看似不同领域的问题实际上存在着密切的联系和相互影响。例如：我们人类过度开发山林、污染水源等行为，都会对"山中虎"和"水中鱼"的生存环境造成威胁，影响整个生态系统的平衡。

问题所涉及的范围越广泛，可供利用的联系渠道就越多样。这些渠道可能包括科学研究、技术创新、政策制定、经济分析、社会调查等多个方面。每个渠道都可能为我们提供新的观点、新的数据和新的解决方案。

第二种情况，解决生活和工作中遇到的问题时，我们可能会发现一些独特的方法和成果。这些方法和成果不应仅仅局限于解决当前问题，还有具备推广到更广泛领域的潜力。例如：果园里摘到了一个特别甜的苹果，我们不应当只满足于这个苹果本身，应当想想这片果园里是否还有更多这样的苹果，其他果园是否也有，这片区域是否能多产这样的苹果，从而扩大成果的应用。这是从特殊到普遍的拓展，能让你的经验和成果发挥更大的价值。

因此，我们应当站在更高的层次上，从更广阔的视角出发，审视和思考问题。通过引入新的理论、方法和工具，可能会发现新的解决思路和方案，将特殊问题的解决方法推广到更广泛的情境中。跨界思维是实现这种拓展的关键。同时，我们应当深入全面分析和思考已有的成果、方法和问题。可尝试将不同领域的知识和经验进行类比和关联，从中发现新的联系和启示。

2. 升维思考，变换思维层次

升维思考，指解决问题或思考一件事情时，跳出眼前问题的限制与常规解法，通过层级、时间、视角、边界、位置、结构的变换，将问题放在更广大的领域、更宽阔的背景中予以审视和寻求解决之道的思维方式。不仅仅局限于已有的维度和角度，而是通过打破固有思维定式，从更高的维度思考和分析问题或事物。

升维思考的本质是对价值观、人生观、世界观的重新审视、拓展及重塑。升维思考，具体应用方法包括层级思考法、时间轴思考法、视角思考法、第三选择思考法、无边界思考法和塑造者思考法等。层级思考法和时间轴思考法可视为对自我价值观的审视，视角思考法是对世界观的拓展和重塑，无边界思考法是对人生观的拓展和重塑。

第一，层级思考法。指将人的思维模式进行分层，有助于我们更全面地理解问题和制订策略。罗伯特·迪尔茨提出的逻辑层次理论，将人的逻辑层次从下到上分为环境层、行为层、能力层、价值观层、身份层与愿景层等等。例如：面对"天气热不想学习"的困境，我们可从六个层次思考。其一，环境层上，热天确实让人难以集中精力；其二，行为层上，我如何做？比如，可以尝试换个凉爽的地方或调整学习时间予以应对；其三，能力层上，如何去完成目标？比如，提升自我控制和时间管理能力也很重要；其四，价值观层，支持我走下去的信念是什么？学习的真正价值在于自我成长；其五，身份层上，我到底是谁，我想成为什么样的人？比如，确定我就是持续学习者，能不畏困难；其六，愿景层，我的愿景，使命是什么？激励我们为了个人梦想和远大目标而坚持学习，克服一切障碍。

第二，时间轴思考法。指一种将问题或思考置于时间轴上，通过拉长或缩短时间轴思考问题的方法，它可帮助我们更好地理解问题的历史背景，考虑其长期或短期影响，预测未来的发展趋势，以及从更长的时间维度审视当前的问题。例如：设想自己的墓志铭怎样概括一生，或者思考100年或1000年后的问题，以此审视现在的决策和行动。这种方法可帮助我们超越当前的限制，从更长远的角度思考问题或谋划行动方案。

例如：我们制订企业战略。短期规划：考虑企业在未来一年内需要完成的目标和任务，包括：资金安排、新产品上市、市场拓展等等。中期规划：思考企业在未来三到五年内的发展方向和战略重点，包括：技术创新、品牌建设、人才培养等等。长期规划：从更长远的角度考虑企业的愿景和使命，制订长期的发展战略和计划。时间轴审视：将企业的战略规划放到时间轴上审视，考虑其长期影响和未来趋势，确保企业的可持续高质量发展。

第三，视角思考法。指从不同的视角或角度思考问题，获得更全面的理解，帮助我们打破思维定式，发现新的解决方案。其中，上帝视角是一种典型的视角思考法，要求我们从更高的、更全面的角度观察问题，更准确地理解问题的本质和可能的解决方案。

例如：企业处理客户投诉，客户视角：企业应当首先站在客户的角度思考，理解客户的需求和不满，找到问题的根源。员工视角：从员工角度考虑，了解员工在处理客户投诉过程中可能遇到的困难和挑战。公司视角：从公司角度出发，考虑如何平衡客户需求和公司利益。综合视角：综合考虑客户、员工和公司的利益，制订全面、合理的解决方案，满足各方需求。

第四，第三选择思考法。我们在面对两难选择时，通过协同努力创造出全新的第三选择，达到共赢的目的。鼓励我们在面对冲突或矛盾时，不要局限于现有的选项，应当积极寻找新的解决方案，达成双方的共同利益。

例如：处理商业谈判中的僵局问题。①识别冲突：识别谈判中的冲突点，了解双方的需求和利益；②跳出框架：跳出传统的谈判框架，寻求新的解决方案；③创造第三选择：双方共同努力下，创造出全新的第三选择，满足双方的需求和利益；④实施方案：双方需要协商并确定实施第三选择的步骤和时间表，确保方案的顺利执行。

第五，无边界思考法。指以无限的游戏为基础，打破有限游戏中的各种边界，获得人生自由的思考方法。鼓励我们跳出传统的框架和限制，探索新的领域和可能性。

总之，当面对一个独特的事物或具体问题时，采取一种更为宏观与概括性的视角审视问题，将其置于更广阔的背景与更普遍性的议题之下，视为这些广泛领域中的一个独特样本，往往能够开辟出原本难以察觉的关联路径，深化我们的理解，引领我们找到更为高效的问题解决策略。相反，若囿于狭隘的视野，局限于直接的、具体的观察层面，仅聚焦于眼前的个别现象，可能错失那些潜藏于深处的因素、特性及相互之间的联系，限制了我们利用这些宝贵资源，达成认知突破与解题需求的能力。

因此，拓宽思维边界，以高屋建瓴之姿审视问题，是通往深刻洞察与高效解决之道的关键。在某些情况下，适当地增加考察的内容，扩大问题的范围，或者拉开与问题的距离，我们反而能够超越其狭隘的界限，避免陷入局部的、片面的思维陷阱，找到比较有效的认识和求解的途径。

升维思考，意味着我们不仅要关注问题的直接层面，应当从更高的维度理解和分析问题。它不仅是一种解决问题的方法，更是一种思维方式和生活态度；不仅是对现有问题的深刻洞察，更是对未来可能性的预见和塑造。如果我们习惯于从更高的维度审视问题时，我们就能跨越传统的认知边界，探索未知的领域，挖掘深层次的智慧。

如何升维？关键是跳出常规思维框架，从更高视角审视问题，勇于打破界限并抽象化复杂问题。同时，跨界融合概念，鼓励头脑风暴，持续挑战既有认知，实践中应用新知并迭代优化，培养跨学科交流能力，保持旺盛好奇心，这是大脑智慧不断进化的必由之路。

3. 属加种差思维，寻找上位概念

寻找上位概念也是升维思考的一种重要方法。上位概念为我们提供了一个更高层次的框架，使我们能更深入地理解当前的概念或问题。我们通过向上追溯，能看到当前概念在整个知识体系或社会系统中所处的位置和作用，更全面地把握其内涵和外延。

寻找上位概念，有利于发现新的思考角度，达成思维变通。当我们将当前概念置于更广泛的上位概念中时，当我们不断地向上追溯、寻找新的上位概念时，我们可能会发现一些之前未曾注意到的联系和规律，新的联系和规律可能为我们提供新的思考角度和解决方案。

很多时候，我们之所以陷入困局，是因为我们的"界定"出了问题，我们不知道自己的那些"界定"并不准确。这时，如果能用"属加种差"的思维方式重新审视这些界定，我们是有可能走出思维困局的。

属加种差思维是一种常用的定义方法，主要用于明确概念之间的属种关系，找出种概念相对于属概念所特有的属性，即种差。寻找上位概念时同样适用。

要寻找上位概念，首先需要明确目标概念（即我们想要寻找其上位概念的概念）。然后，我们可按照以下步骤进行：

第一，理解目标概念。确保我们清晰理解概念，包括：了解定义、特性、用途等等。

第二，找出属概念。尝试找出它所属的更大类别的概念，这个更大类别的概念就是目标概念的属概念。例如：目标概念是"狗"，它的属概念是"动物"。目标概念是"苹果"，其属概念是"水果"。同样地，"笔记本电脑"的属概念是"个人电脑"，它是个人电脑的一种便携形式。

第三，验证属概念。确保我们找到的属概念包含了目标概念。目标概念是属概念的一个特定种类，可通过检查目标概念是否满足属概念的所有特性达成。

第四，确定上位概念。在某些情况下，我们可能需要继续寻找属概念的属概念，找到更高级别的上位概念。例如：动物的上位概念是"生物"，"水果"的上位概念是"食物"，"个人电脑"的上位概念是"电子设备"。此过程帮助我们构建了一个从具体到抽象、从个别到一般的概念体系。

我们在思维和写作过程中，寻找上位概念是一种非常有效的方法，它可以帮助我们深入探索问题，发现新的思考角度，达成思维的变通和深化。

例如："在线教育"，我们希望探索其未来的发展趋势。可清晰地划分为以下几个阶段：

第一，定义与聚焦，明确目标概念——"在线教育"，通过了解其定义、特性、优势及当前发展状况，建立概念的初步认知。

第二，寻找直接属概念。追溯"在线教育"的直接属概念——"教育"。通过比较和分析，作为教育的一种新型形式，"在线教育"既继承了教育的核心要素，例如：知识传授、技能培养等等，又展现出独特的灵活性、可访问性和互动性等特点。

第三，向上追溯更广泛的上位概念。进一步向上追溯，将"教育"置于更广泛的社会、文化和人类发展的框架中。我们可将"教育"置于"人类发展"或"文化传承"等更广泛的上位概念中。可将在线教育这个具体问题与人类发展、文化传承等宏观问题联系起来，拓宽我们的视野，发现更多的思考角度。

第四，思维的深入与变通。通过向上追溯更广泛的上位概念，我们的思维得到了极大的拓展。不再局限于在线教育本身的探讨，而是将其置于更宏大的背景下深度思考。这种跨学科的视角促使我们发现新的思考角度和解决方案，实现了思维的变通和深化。例如：我们可提出利用大数据和人工智能技术优化在线教育体验，提高教育公平性和个性化水平；或探讨如何构建全球在线教育平台，促进文化多样性和国际理解。

第五，整合与应用。我们将这些新的思考角度和解决方案进行整合，应用于实际的写作、研究或实践中。写作中，可构建一个结构清晰、逻辑严密的文章框架，通过引用上位概念丰富和深化文章内容；研究中，可将上位概念作为研究的基础和方向，推动研究向更深入、更广泛的领域拓展；其他实践中，可运用上位概念的思维方式指导实际工作，解决具体实际问题，推动工作的进步。

需要注意的是，属加种差思维主要关注概念之间的逻辑关系和属性差异，而不仅仅是基于经验或直觉的分类。因此，在寻找上位概念时，应当保持逻辑清晰和严谨。

同时，不同学科和领域可能有不同的上位概念定义方式。因此，具体应用属加种差思维时，应当根据具体情况予以调整和适应。

（五）以终为始

以终为始，最早出自《黄帝内经》，强调在人生的开始阶段就认真思考人生终点的意义和价值。其核心特点是从最终结果出发，反向分析过程或原因，寻找关键因素或对策，采取相应策略，达成结果或解决问题。

"以终为始"的思维方式特点或原理如下：

1. 逆向思考

与传统的从起点到终点的直线思维方式不同，它是一种反向思维方式，即从最终的结果出发，逆向思考，从终点反推至起点，找出达成结果的关键步骤和因素，明确目标后再采取行动。

2. 目标导向

它强调凡事要有目标、计划和原则，即"凡事预则立，不预则废"。在设置任何行动或计划之前，首先要明确想要达成的结果或目标。

3. 全面规划

从结果出发，基于目标和愿景，全面考虑实现目标所需的各种条件、资源和步骤，确保行动计划的可行性和有效性。

从佛家的角度看，"始"是因，"终"是果，以终为始是强调从果到因的逻辑关系，告诫人们要关注行为的起心动念，避免种下恶因。这样做好处很多：确保所有的努力都集中在实现目标上，避免偏离方向。减少不必要的步骤和浪费，使行动更加高效。应对变化时，由于已经考虑了各种可能的情况和因素，当实际情况发生变化时，可更快地调整计划，保持灵活性。

以终为始的思维方式可应用于各个不同的生活和工作层面，包括：个人发展、企业管理、外交关系等等。制订年度工作计划时，可帮助我们明确目标，制订具体的实施计划，确保工作的有序进行。面对重大问题时，可帮助我们分析问题的根源，找到解决问题的关键因素，采取有效的对策。

如何运用以终为始实现思维变通？第一，需要设定一个明确、具体且可衡量的目标。这个目标应当与个人或组织的愿景和价值观相一致。第二，从目标出发，反向分析实现目标所需的各种条件、资源和步骤。这个过程可帮助我们发现可能的问题和挑战，提前制订应对策略。在实际行动过程中，可能会遇到各种意想不到的情况和问题。这时，需要根据实际情况灵活调整计划，保持与目标的一致性。第三，在实现目标过程中，不断学习和总结经验教训，在未来行动中更好地应对各种挑战和变化。

（六）阈限思维

阈限，本意指临界点、边界或边缘，象征着一个事物与另一个事物之间的界限，一个既不是完全属于这边事物，也不是完全属于那边事物的模糊地带，某种程度上又与两个事物有关联，呈现出一种独特的中间性、模糊性、流动性，是处于两个不同领域、性质、状态之间的过渡地带。

事物阈限状态，在人类工作和生活、社会秩序等多个领域中，有广泛的应用及深刻的含义。在生活的各种情境中，边界常常为我们带来一种安全感，它们如同无形的屏障，将我们与外部环境分隔开来，为我们提供了一个相对稳定和舒适的生活空间。边界可能是物理的，例如：国家的边界、房屋的围墙；也可能是心理的，例如：个人的舒适区、信仰的底线。帮助我们定义自我，理解世界，使我们能在复杂的环境中找到自己的定位。

当然，边界并不是一成不变的。随着时间的推移，环境的变化，以及我们自身认知和经验的增长，边界也在不断地被移动、被颠覆、被重塑、被重组。变化可能来自外部的压力，例如：社会进步、科技发展；也可能来自内部的冲动，例如：个人成长、观念转变。无论是哪种情况，边界的变化对我们的生活产生了深远的影响。这种影响可能是积极的，也可能是消极的。一方面，边界变化意味着我们有更多的可能性和自由，可探索更广阔的世界，实现更高的目标；另一方面，边界模糊也可能带来不确定性和混乱，使我们感到迷茫和无助。因此，如何在保持边界的同时又不断地突破和拓展它，成为一个我们应当深思的问题。

1. 阈限思维特点

阈限思维的核心是寻找和关注边界，努力突破边界。阈限作为临界点、边界或边缘，为我们认识进步与思维变通提供了创新可能、交流潜力与反思深度。

很多事物处于阈限状态，意味着我们身边充斥着临界点，即意味着充满机会。大多数时间或情况下我们看不见，因为我们俗务缠身，根本没时间或精力关注它；或者我们兴趣不在于此，导致熟视无睹；或者我们被认识和信念局限，我们不相信会有什么惊喜或奇迹发生。

事物改变一般发生在各种状态的边界处。边界是过渡地带，是事物从一种状态向另一种状态转化的地方，例如：已知和未知之间，熟悉与陌生之间，新思维与旧思维之间，过去和未来之间，等等；边界是变化发生的场所，更是孕育创新、启示思考和激发行动的源泉。在边界上，我们可能会遇到新的信息、新的体验或新的思维方式，会促使我们产生改变。例如：当我们面对未知时，可能会被迫跳出熟悉的思维模式，寻找新的解决方案引发改变。同样，当我们回顾过去并展望未来时，可能会意识到需要调整自己的行为和策略，适应未来的变化。

采用阈限思维，要求我们面对阈限，既尊重其构建的秩序，又要勇于挑战其局限，善于利用其连接属性，深入挖掘其启发智慧的价值，敏锐发现和抓住机会，在生活工作的边缘地带找寻到成长与变革的力量。要求我们保持开放的心态，愿意尝试新的事物，并勇于面对不确定性，激发自己的想象力。当我们将注意力放在临界点上时，能更好地理解事物之间的联系和发展趋势，预见到未来的可能性。

一个人，一旦看到了他的空间边界，那个边界就不再是他的空间边界了。这句话是对人类认知和界限的深刻理解，它告诉我们，当我们"看到"或认识到自己的空间边界时，这些边界在某种程度上就失去了原有的定义和限制作用。即一旦我们意识到某个界限的存在，我们就开始跨越它或与之互动。在这个过程中，原本的界限变得模糊，甚至可能完全改变。换句话说，我们的认知和行为会不断地重塑我们的界限，使其不再固定不变。

2. 阈限思维的操作要领

第一，认识和理解阈限。打破认识的边界，突破信念的束缚，是人们在追求成长和进步中常常面临的挑战。

我们应当不断认识和寻找边界，主动参与甚至主导边界的变化过程。一是留意日常生活、工作和学习中可能出现的阈限的场景，例如：新旧交替、跨界合作、观念冲突、转型期等等；二是审视内心，反思个人的认识边界、情感边界、行为边界、识别内在的恐惧、固有观念、习惯模式等可能形成的阈限；三是分析问题，面对具体问题或挑战时，寻找其中蕴含的二元对立、过渡状态或创新契机，识别关键的阈限点。我们应当认识自己的局限性和认识上的不足，明确自己当前所处的位置和能够触及的范围。我们通过反思和学习，可逐渐发现自己的边界所在，为突破边界打下基础。阈限作为一个概念，提醒我们关注生活中的边界问题，思考如何在保持自我和适应变化之间找到平衡。

第二，人生不设限。研究背景，了解阈限产生的历史、文化、社会、技术等因素，理解其深层次的原因和动态变化过程；分析影响，评估阈限对个人、团队、组织、社会的正面和负面影响，包括心理压力、行为约束、资源分配、创新机会等。挖掘价值，认识阈限不仅是挑战，也是机遇，它可激发创新思维、推动变革，促进学习和成长。

第三，思维不设限，人生不设限。信念，是我们对世界的内在解释与认知框架，为思考与行为提供了坚实的支撑，深刻地塑造着我们的思维方式、决策路径及行为模式。正向积极面对时，它是推动我们勇往直前、不懈探索的力量源泉；然而，当信念僵化或过度固化时，它可能转变为束缚思维的枷锁，限制我们的视野，阻碍我们接触新思想、尝试新方法，最终成为阻碍个人成长与变革的主要障碍。从这个角度来说，信念有时是阻碍改变的主要因素，也是束缚我们认识的最普遍和最强大的阈限。

信念的形成一般源于复杂多元的背景，包括：个人经历、教育背景、文化熏陶等等。它在无形中渗透进我们的思维体系，潜移默化地影响着我们对世界的认知与自我定位。此过程，难以察觉信念对我们行为的深层次影响，直到成为限制我们进步的无形壁垒。

为了摆脱信念可能带来的束缚，我们首先应当培养一种开放与灵活的心态。我们应当意识自己的信念并非绝对真理，可随着时间和经验的积累，不断修正与完善。同时，我们也应当勇敢地面对挑战和不确定性，不断尝试新事物，拓宽自己的视野和认知。

总之，信念是我们认识世界与行为指导的基石，既能成为推动我们高效前行的动力，也可能无形中构筑起束缚思维的牢笼。我们在无意识间塑造并受限于这些信念，它们虽助我们专注，却也限制了视野，使我们困于迷惑、恐惧与怀疑之中。因此，避免自我设限，至关重要。我们应当保持开放心态，勇于挑战既有认知，灵活应对变化，突破心灵的桎梏，释放无限潜能。人的悲哀不在于缺乏努力，而在于自我设限，这种限制无形中缩减了想象的空间、创造的潜能与奋斗的领域。唯有打破心中的瓶颈，唤醒内心的巨人，我们方能在个人成长与进步的征途上勇往直前。

🔗 本章回顾

思维变通是一种高度灵活且富有创造性的思维方式。事物具有多样性和复杂性，总是处于变化发展过程中，事物之间存在着千丝万缕的联系和相互影响及相互作用，这种联系、影响和作用为思维变通提供了更多的线索和启示。在哲学对立统一规律的指导下，思维变通技术通过识别与洞察事物内部要素及事物之间的对立面，运用逻辑推理、极点思维、类比想象等思维方法，分析与推演对立面的关联，相互启发与补充，达成对立双方之间的沟通与转化。变通技术不仅扩展和完善对事物的认识，还能综合运用多种思维方式，实现矛盾对立统一和思维升华，对于提升个体的思维能力和认知水平具有重要帮助。此外，个人知识与经验的积累，培养深刻的洞察力与理解力，保持开放的思维与心态，提高创新能力与想象力也是达成思维变通的重要方法。

第九章　转换技术

广袤宇宙中，从微观原子到宏观星系，从日常现象到深奥的科学理论，我们总能发现一些令人惊讶的共性。这些共性并非偶然，而是事物本质联系的体现。换句话说，表面上看起来大不相同的事物中，一般隐藏着某些共同的属性或因素；不同的体系之间，可能存在相同或相近的联系格局。

自然界或自然科学，经济社会领域或人文社会科学，可观察到相似的结构模式。这些因素在表面上看似不同，但它们可能与某个特定的典范形态有着内在联系。这种内在联系的揭示，为我们提供了一种全新的视角，我们能在一定条件下用一事物取代另一事物，将对某一事物的研究成果转用于对另一事物的认识，也即思维转换。

思维转换，指从一种思维方式或模式转变到另一种全新的、完全不同的思维方式或模式，涉及观念的转变、更新甚至彻底颠覆，或是对问题理解框架或整个思维模式的根本性改变。

思维转换技术是一种方法，更是一种深入洞察事物本质联系的思维方式。我们通过思维转换，可将某一领域的课题巧妙地转化为另一领域的课题，交叉分析和研究，拓宽思路，促进不同学科间的交流与融合。

思维活动中，对转换方式与方法的研究尤为关键。思维转换可能意味着从线性的逻辑思考转变为非线性的创新思考，从固定的思维模式转变为灵活多变的应对策略，从局部的观点提升至全局的视野。思维转换对于促进创新、适应不断变化的环境、解决复杂棘手的问题都具有不可或缺的重要性。

　　深入研究事物在多样性中展现的统一性，我们能更准确地理解其运作机制，更有效地应用思维转换技术，推动知识的边界不断扩展。要掌握这种思维转换技术，我们应当通过一系列步骤，包括：认识事物的统一性、进行抽象与概括、学习转换与变换的技巧、将理论与实践相结合，以及持续学习并不断改进自己的思维方式。

第一节　思维转换的一致性原则

　　思维转换，指思维活动中个体或思维主体对有关思维要素进行某种转化或变换，达到对思维对象更全面、客观的认识和评价的一种思维方式。这种转换可能涉及不同的角度、层面、领域或框架，旨在打破原有的思维限制，激发新的思考方式和解决方案。

　　思维活动是基于我们看到的、感受到的现实事物，形成对这些事物的初步印象（感性材料）。接下来，我们对这些初步印象形成更深刻、更理性的理解和观念（理性概念和形象观念）。此过程中思维进行了转换，从事实事物转换为感性材料，从感性材料转换为理性概念或形象观念。

　　与此思维过程紧密相连的是信息转换。当我们从一种事物或情况转换到另一种事物或情况时，将一种形式的信息转换成另一种形式，虽然看起来不同，但其中总有一些相同或不变的东西（统一性），信息的内容和结构总是保持了一定的统一性和不变性。这种统一性和不变性非常重要，它让我们能够准确地理解和把握事物的本质和它们之间的关系，能正确地认识事物，理解它们背后的规律，并用这些知识指导我们的行动。

　　思维转换的一致性原则是思维过程中，当我们将一个概念、观点或问题从一种形式或角度转换为另一种形式或角度时，需要保持其本质含

义和逻辑结构的一致性。这种一致性是确保思维转换有效性和准确性的
基础。

在思维转换过程中，一致性原则主要体现在以下几个方面：

一、逻辑连贯性

思维转换后的结果应当与原始思维在逻辑上保持一致，即转换后的
观点或问题应当能合理地推导出原始思维的内容。逻辑连贯性是确保思
维转换正确性的关键。逻辑推理中，一致性原则的应用至关重要，它确
保了推理过程的逻辑严密性和结论的可靠性。

（一）定义与前提的一致性

逻辑推理之前，应当确保所使用的定义和前提是一致的。意味着定
义和前提之间不能存在矛盾，它们必须相互支持并在逻辑上形成一个连
贯的整体。例如：证明一个数学定理时，所使用的公理和已知事实必须
是一致的，不能相互冲突。

（二）推理步骤的一致性

推理过程中，每一步的推理应当基于前面已经确立的前提或结论，
并且每一步的推理逻辑上是合理的。如果在推理过程中出现与前面步骤
不一致的推理，那么整个推理过程就可能失去效力，结论的可靠性也会
受到质疑。

（三）结论与前提的一致性

推理的结论应当与所使用的前提保持一致。结论应当是前提的必然
结果，而不是与前提相矛盾的。如果结论与前提不一致，说明推理过程
中存在错误或逻辑上的疏漏。

（四）避免逻辑矛盾

一致性原则要求逻辑推理中避免产生逻辑矛盾。逻辑矛盾指在同
一推理过程中，既肯定某个命题又否定该命题的情况。一旦出现逻辑矛
盾，整个推理过程就会失去意义，矛盾的存在意味着推理无法得出一个

确定的结论。

（五）推理的连贯性和完整性

推理过程应当是连贯的、没有跳跃的，并且所有相关的信息和步骤都应当被考虑在内。

应用场景。例如：三段论，是一种基本的逻辑推理方法，它包含一个前提（大前提和小前提）和一个结论。在三段论推理时，应当确保大前提、小前提和结论之间的一致性。如果其中任何一个部分与其他部分不一致，整个推理就会失去效力。例如：在一个关于动物分类的三段论中，大前提可能是"所有哺乳动物都是胎生的"，小前提可能是"猫是哺乳动物"，结论是"猫是胎生的"。大前提、小前提和结论之间是一致的，因此，推理是有效的。

总之，一致性原则在逻辑推理中起着至关重要的作用。通过确保定义与前提的一致性、推理步骤的一致性、结论与前提的一致性、避免逻辑矛盾以及保持推理的连贯性和完整性，我们可构建出逻辑严密、结论可靠的推理过程。

二、本质含义不变

思维转换技术的核心在于认识到事物在表面差异下所隐藏的共性。这种共性可能表现为相似的结构模式、相同或相近的联系格局，或是能引发类似总体效果的本质互异的作用因素。

在思维转换过程中，我们要认识事物的统一性，还应当保持概念或问题的本质含义不变。这意味着在转换时，我们不能改变概念或问题的核心意义，而只是改变其表达形式或观察角度。

三、上下文一致性

掌握事物的共性和一般规律后，我们就可运用思维转换技术将某一领域的知识、方法或经验应用于另一领域。这种转换和变换的过程，可能涉及对问题的重新定义、对解决方案的重新设计，以及对思维模式的重新调整。

思维转换应当与所处的上下文保持一致。在不同的上下文环境中，同一个概念或问题可能有不同的含义和解释。因此，思维转换时，我们需要考虑上下文环境，确保转换后的内容与原始内容在上下文上是一致的。

此外，思维转换还有其他一些原则，例如：目标导向和结果驱动。在转换思维过程中，应当始终保持对目标的清晰认识，以此为指引进行思考和行动；应当将思维转换的效果与预期的结果进行对比和评估，不断调整和优化思维方式和策略，确保最终能达到预期的目标。

第二节　思维转换的方法

一、等值替代

思维的等值替代，指在保持问题本质或逻辑结构不变的前提下，通过替换问题的某些元素、条件或表达方式，使问题更容易理解、分析或解决。替代可以是直接的、间接的，也可以是形式上的或实质上的。

等值替代是一种普遍存在的替代方式，它基于两个或多个对象、元素、问题或表达式在外延上的等同性。在一个特定的语境或逻辑结构中，我们可用一个词、短语或概念替代另一个词、短语或概念，这两个元素在某种意义上是等价的或代表同样的事物。

（一）替代者与被替代者的关系

1. 它们是同一事物

等值替代中，替代者与被替代者代表着同样的事物，被视为在实质上是同一事物或集合的两种不同表述。这种等同性体现在它们的外延上，即两者在现实世界中所指的对象或集合是完全一致的。也就是说，如果两个或多个词、短语或概念在描述同一事物时，其所指向的对象或集合是完全相同的，它们可被视为外延上等价。

例如：当我们说"首都北京"和"中国的首都"时，虽然在表述上有所不同，但两者在外延上却是等价的。无论使用哪种表述，它们都指的是同一个城市——北京。这种等价性不仅简化了我们的交流，还使在逻辑和推理过程中能更准确地理解和分析问题。

2. 分别代表不同特征

值得注意的是，尽管替代者与被替代者在外延上是等价的，但它们可能在表现形式、具体特征或上下文中的用法上会有所不同。这意味着它们虽然指向同一事物，但在不同的语境中可能强调或凸显了该事物的不同方面或特征。例如：广告中，某品牌手机的广告可能会用"手中的宇宙"或"掌中宝"来替代"手机"这一产品。这样的表述不仅突出了手机作为通信工具的基本功能，同时，强调了其强大的功能和便携性，使消费者对产品产生更深的印象和好感。例如：一家高端餐厅的广告可能会用"味蕾的旅行"或"美食的盛宴"替代"饭菜"或"菜品"。这样的表述不仅强调了菜品的美味和丰富，还通过"旅行"和"盛宴"等词汇，为消费者营造了一种高端、奢华的用餐体验，提升了广告的吸引力和说服力。

替代者与被替代者之间的等价性并不是绝对的，而是受到语境和使用的背景的影响。不同的语境或背景下，同一对替代者与被替代者可能具有不同的含义或解释。因此，运用等值替代进行思维或交流时，我们应当仔细考虑语境和背景的影响，确保我们的理解和表述是准确和恰当的。

3. 认识上具有不同功能

替代者与被替代者在认识中发挥着不同的功能。它们不仅指向相同的事物或集合，而且在表达时可能强调不同的方面、提供不同的视角，或者适应于不同的语境。

替代者往往以更简洁、直观或易于理解的方式表达同一事物，这使我们在处理或交流时能更快速地把握核心要点。例如：数学领域，高级的数学符号和公式能简化复杂的计算过程，使我们能更高效地解决问题。这种替代方式使数学语言变得更为精练和高效。例如：文学作品《罗密欧与朱丽叶》中，莎士比亚使用"命运"这一替代者，概括两位年轻恋人无法抗拒的外部力量。这种表达方式简洁而直观，使读者能迅速理解作品的核心冲突和主题。如果莎士比亚不使用"命运"这一替代者，而是详细描绘各种导致罗密欧和朱丽叶悲剧的外部因素（例如：家族仇恨、社会制度、人物性格等等），虽然能使作品更加详尽和深入，但是，也会增加阅读的难度，让读者难以快速把握作品的主旨。

然而，被替代者有时也能提供独特的价值。在某些情况下，它们可能包含更具体、详细或深入的描述，让我们对同一事物有更全面的了解。例如：杜甫的《春夜喜雨》。诗中，杜甫没有简单地使用"雨"这个替代者，而是详细描绘了春雨的特点和它所带来的景象。他写道："好雨知时节，当春乃发生。随风潜入夜，润物细无声。"这里的"好雨"就是"雨"的被替代者，杜甫通过"知时节""当春乃发生""随风潜入夜""润物细无声"等具体的描绘，将春雨的及时、细腻和无声无息的特点，淋漓尽致地展现出来。

内涵的不同是替代者与被替代者之间的重要区别。例如："晨星"和"暮星"，它们外延上指金星这颗行星，但内涵却截然不同。"晨星"强调金星作为早晨天空中第一颗出现的亮星的特性，而"暮星"则突出它在傍晚时分出现的特点。这种内涵上的差异使这两个词在表达时能够传达出不同的意境和情感。

因此，在理解和运用替代者与被替代者时，我们不仅要关注它们的外延等价性，更要深入探究它们不同的内涵。只有这样，我们才能更准确地把握它们在不同语境下的使用方式和功能，更好地理解和处理相关事物。

（二）等值替代的运用

日常交流中，等值替代是一种常见且实用的语言现象。例如：当我们称赞"狗是人类最好的朋友"时，完全可以用"犬"这个正式名称或同义词来替代"狗"，两者在指称上完全等价，都指向同一种动物。然而，尽管它们在外延上相同，但在不同的语境中，这两个词可能会带有不同的含义或情感色彩。在温馨的家庭场景中，人们更倾向于使用"狗"这个词，它传递出一种亲切、可爱和陪伴的感觉。在更为正式或专业的场合，"犬"这个词更为常见。这不仅保持了语言的准确性，还赋予了一种严肃、专业的氛围。日常生活中，思维的等值替换无处不在。例如：规划旅行时，我们可能会考虑不同的交通方式、住宿地点和景点安排而选择不同方案。

等值替代时，关键在于确保替换的元素或表达式在特定的语境中与原始元素或表达式具有相同的价值或意义，是确保有效沟通、推理、证明和计算的重要前提。

1. 同义词替代

最常见的等值替代类型。它涉及使用与原始词汇在指称上等价的其他词汇，例如："狗"和"犬"。这种替代基于词汇之间的相似性，使语言表达更加多样和灵活。

2. 数学公式替代

逻辑学和数学领域，等价的公式或表达式经常相互替代。这种替代保持了公式的指称对象不变，同时，保持了公式的计算功能。例如：代数中，$(a+b)^2$和$a^2+2ab+b^2$是等价的，可以相互替代使用，便于简化计算或推导过程。

3. 概念替代

逻辑学和哲学领域，有时两个或多个概念在指称上是等价的，它们在内涵或定义上可能存在差异。这种替代允许我们根据具体语境选择合适的表达方式。例如："正方形"和"四边等长且四个角都是直角的四边形"，在定义上有所不同，但它们在指称的对象上是相同的，可视为等价的概念。

4.语词定义

语言学和逻辑学领域，我们引入一个新的术语或概念时，希望用一个简洁、明确的词语代替对某一现象、属性或联系的冗长描述。这种替代是为了方便交流和沟通，更为了促进知识的系统化和规范化。

与下定义的逻辑方法不同，语词定义（唯名定义）更多地关注为新术语规定明确的含义和用法。它并非深入挖掘对象的内在本质，而是着眼于即将被引用的新概念，通过赋予它们特定的名称（术语），使信息传递和知识交流更加方便和精确。

例如：说"智能手机"时，我们其实是在用一个语词定义来指代一类具有特定功能和特性的手机。尽管"智能手机"这个词并没有直接揭示出这类手机的所有技术细节或工作原理，但它却为我们提供了一个简洁且易于理解的术语，使我们在日常交流和知识传播中可以更加高效地引用和讨论这一对象。例如：讨论"黑洞"这个复杂的科学概念。黑洞指宇宙中一个极其神秘且难以直接观测的天体，它们由于引力极其强大，连光线都无法逃脱其边界。如果不使用"黑洞"这个术语，而是每次都详细解释"一个引力强大到连光线都无法逃脱其边界的天体"，这样的描述冗长，同时，容易让人在交流中产生混淆。然而，当我们引入"黑洞"语词定义后，情况大大简化。现在，只要提到"黑洞"，就能迅速传达出这个复杂概念的核心特征。例如：特定历史时期或特定工作场合中，为了强调团结和共同奋斗的精神，要求大家同吃、同住、同劳动，通过规定一个新的语词"三同"概括这种生活方式或工作状态，我们可更简洁地表达这一复杂的概念，提高交流效率。例如："五讲四美""四书五经""一带一路""虚拟现实""碳中和"等等，通过规定和说明语词的意义，我们能更准确地传达概念的含义，避免误解和混淆，同时，也有助于推动相关领域的发展和进步。

因此，语词定义在知识传播和交流中扮演着重要的角色。它为我们提供了简洁、准确且易于理解的术语，使我们能更加高效地交流和分享知识。语词定义的一个重要特点是，它要求要引入的术语与相应的描述具有同样的外延。当我们用一个术语替代某一描述时，这个术语应当能涵盖描述中所涉及的所有对象或情况，同时，也不应包含描述之外的其他对象或情况。这种精确性和一致性是语词定义广泛应用和接受的基础。

我们在发现新现象、认识新属性、揭示新联系的过程中，语词定义起着至关重要的作用。引入新的术语和概念，我们能更加清晰地表达思想和发现，促进新知识的形成和传播。同时，语词定义为我们提供了一种有效的工具，用于整理和分类已有的知识，构建更加系统化和规范化的知识体系。

语词定义在各个领域都有广泛的应用，它能简化表达、提高交流效率。同时，能促进新知识的形成和传播。通过规定和说明语词的意义，我们可更准确地传达概念的含义，避免误解和混淆。

5. 符号替换

科学技术领域，同一种关系和体系大都可以用数种不同的表述形式确定下来。这些表述形式之间进行的彼此替换、相互转化，构成了等值替代的另一种重要方式。例如：解决复杂问题时，数学公式可能提供更精确和高效的解决方案；在向公众解释科学原理时，文字描述可能更加直观和易懂。数学中，等值替换的应用尤为广泛。例如：解方程或不等式时，我们通过对方程或不等式变形，使其转化为更容易求解的形式，就是一种等值替换。几何证明中，等值替换也常被用到，例如：通过证明两个三角形全等，从而得出它们的对应边和对应角相等。

从更广义上说，符号是对事物的标志与表征形式。符号表述指用专门的符号标记替代词语以标志和表征相应的事物，是对词语进行的一种重要的等值替代形式。符号表述除了具备标记和指称相应客体对象的功能之外，还能起到表明某些客体对象的组成、结构与由来的重大作用。

相对于文字表述形式来说，符号表述除了具有简单、紧凑、明晰的突出优点外，还具有更强的可操作性，它打破了文字表述序列状的一维表现形态的局限性，可以方便用二维平面的、网状的形态表述事物的内在结构和存在于事物之间的复杂联系。

（三）思维等值替换的方式方法

1. 等值替换的方式

第一，直接替换。指在不改变问题核心含义的前提下，直接用一个等价的概念、表达式或元素替换另一个。例如：数学中，我们经常用"+"替换"加"，或者用"x"替换"未知数"。

第二，间接替换。指通过一系列的逻辑推理或转换，将一个问题转化为一个与其等价的、但形式或结构更简单的问题。例如：解决复杂的几何问题时，我们通过构造辅助线或辅助图形来简化问题。

第三，形式替换。指注重于问题表达方式的改变，而不改变问题的实质内容。包括使用不同的符号、公式、图表等等，表示同一个问题。这有助于揭示问题的不同方面，提供更丰富的解题视角。

第四，实质替换。指改变问题的某些核心元素或条件，保持问题的整体结构和逻辑不变。通常是对问题进行深入的理解和分析，找到与原始问题等价的、更易于处理的新问题。

2. 等值替换的操作要领

第一，深入理解问题。我们应当理解问题，明确问题的核心含义和逻辑结构。

第二，寻找等价元素。指寻找可以替换的等价元素。元素可以是概念、表达式、条件等等。

第三，进行替换操作。替换操作时，我们将原始问题中的某些元素替换为等价元素。

第四，验证替换结果。验证替换后的问题是否与原始问题等价，确保替换操作的正确性。

通过不断练习和应用，我们可逐渐掌握和运用思维的等值替换，提高我们的问题解决能力和创新能力。

二、等价替代

等价替代，指一种基于事物在特定方面或属性上"等值性"的替代方法，允许我们在某一特定领域内，将两个或多个在某一属性上相同但其他方面可能不同的事物视为等价进行替代。核心在于识别和利用事物间的等同性，简化问题并提供多样化的解决方案。

等值替代强调的是两个对象或表达式在某种标准下的完全等价性。等价替代关注的是在特定条件或极限下的等价性。实际应用中，等价替代要求我们识别出替代者与被替代者之间在特定方面的等同性，例如：价值、效果、作用、性能等等。等同性使我们可在不影响最终结果的前提下，用一个更易于处理或理解的对象替代另一个对象。

例如：当我们需要解决一个复杂的问题A时，如果发现另一个问题B与A在某一关键属性上等价且更易解决，我们就可以通过解决B间接解决A。这种思维方式在数学中的等价变换、物理学中的等效电路、计算机科学中的等价算法等各种领域有广泛应用。例如：当我们测量一个不规则形状物体的体积时，直接测量非常困难，我们可使用一个已知体积的水槽装满水，然后将物体完全浸入水中，通过测量排出水的体积间接得到物体的体积。

（一）因素的等价替代

因素的等价替代，指研究和分析中用一种或几种具有相似或等同效果的因素替代另一种或多种因素，便于简化问题、提高分析效率，是基于在特定作用效果和功能上的等同性，虽然替代因素与被替代因素全面看来可能存在明显区别，但在所关注的功效和功能上却具有相同的性质。

1. 操作原则

思维和认识活动中，为高效且准确地把握问题的核心，我们遵循以下操作原则：

第一，等同性原则。替代因素与被替代因素在所关注的作用效果和功能上应具有等同性。

第二，简化原则。通过替代，应使问题得到简化，提高分析效率。通过用为数较少因素的作用替代为数较多的因素的作用，用均一、恒定的因素的作用替代非均一、非恒定的因素的作用，用比较简单、容易分析处理的因素替代复杂、难以分析处理的因素，大大简化问题的复杂度，提高分析效率。

第三，可行性原则。替代因素应具有可操作性和可度量性，便于实际分析和应用。

2. 操作方法

第一，识别关键因素。应当识别影响问题效果的关键因素，明确分析目的和关注的重点。

第二，确定等价因素。根据等同性原则，确定可以替代关键因素的等价因素。等价因素可能是一个或多个，应具有与被替代因素相似的作用效果和功能。

第三，建立替代关系。建立替代因素与被替代因素之间的替代关系，明确它们之间的等价性和作用机制。

第四，进行替代分析。使用替代因素进行问题分析，评估替代因素的效果和影响，验证替代的可行性和有效性。

第五，修正和完善。根据分析结果，对替代因素修正和完善，提高分析的准确性和可靠性。

例如：我们的床头柜上总是堆满了各种小物件，导致找东西时很不方便。识别关键因素是因为床头柜空间不足，物品杂乱。想到一个简单的解决方案——使用挂钩和收纳盒，确定为等价因素。接着，使用挂钩和收纳盒整理床头柜，建立替代关系。之后进行替代分析，发现问题基本解决了。最后，在使用过程中发现某个挂钩或收纳盒的位置不太合适，进行一点调整，即修正和完善。

3. 注意事项

因素等价替代时，应当确保替代因素与被替代因素所关注的作用效果和功能上具有等同性，避免引入误差和偏差。

替代因素应具有可操作性和可度量性，便于实际分析和应用。如果替代因素难以操作或度量，将影响分析的准确性和可靠性。

替代分析时，应当注意其他可能影响分析结果的因素，并适当控制和处理。例如：控制实验条件、排除干扰因素等方式可减少误差和偏差。

案例分析：曹冲称象

曹冲是三国时期曹操的儿子，以聪明才智著称。在古代，没有现代的称重设备，如何测量一头大象的质量成为一个难题。曹冲通过运用等价替换的思维解决了这个问题。他的步骤如下：第一，寻找等价物。曹冲注意到，如果有一个与大象质量相等的物体，只需要测量这个物体的质量就可得知大象的质量。第二，设计替换方案。曹冲让工匠们制造了一艘大船，并将其置于水中。接着，他让大象站在船上，观察船体下沉的深度，并在船边做好标记。第三，实施替换。之后，曹冲将大象从船上牵走，并开始在船上装载石头，直到船体下沉到与之前相同的深度。第四，测量与结论。曹冲只需测量船上石头的总质量，这个质量就等同于大象的质量。

曹冲称象，是一个等价替代克服难点解决问题的生动事例，他克服了原有事物的局限性（大象不能分割），利用新引入的替代对象的新属性，巧妙解决问题。通过这个故事，我们学习到，面对复杂问题时，可通过寻找等价物或等价关系简化问题，找到解决方案。

（二）对象的等价替代

在思维和认识活动中，当面对复杂、不规则或难以直接分析的对象时，我们常常采用"对象的等价替代"方法。核心在于用一个简单、规则、易处理的对象替代原对象，前提是两者在所关注的性态上具有等同性。

例如：当我们试图向一个不懂编程的人解释"函数"概念时，可将其等价地比喻为"一个可以完成特定任务的机器"，这个机器接受输入（参数），经过内部处理（函数体），然后产生输出（返回值）。这样的等价替代有助于对方在不了解具体技术细节的情况下，也能对函数有一个大致的理解和把握。

对象替代与因素替代密切相关，关注点不同。对象替代关注事物的整体特性与形态，因素替代侧重于构成这些特性的各个因素的作用效果和功能。实际应用中，对象替代有助于简化问题，因素替代能更深入地理解事物的本质。然而，这两种策略并非万能，可能会带来信息的丢失或扭曲。因此，使用时，我们需要根据具体情况权衡利弊，确保所选策略能准确反映所关注对象的真实特性。

黑箱方法，就是一种通过对象替代解决问题的思维转换方法。特别适用于那些内部结构复杂、难以直接观察或理解的系统。

黑箱方法：

在没有掌握被考察对象的内部结构的情况下，研究者将研究对象视为一个"黑箱"，通过给黑箱输入各种刺激或信号（输入），并观察和分析黑箱对这些输入的反应或输出，推断其内部可能的结构和功能。

通过收集和分析大量的输入—输出数据，研究者可逐步揭示黑箱的内部运作方式，甚至能建立数学模型模拟其行为。

黑箱方法的关键优势之一是，它不需要深入了解系统的内部结构和机制，就可对其行为进行预测和控制。这使它在许多领域中都有广泛的应用。然而，这种方法有其局限性，它可能无法完全揭示系统的所有细节和机制，特别是对于那些具有非线性、动态和复杂交互特性的系统。

（三）问题的等价替代

解决问题的道路上，我们经常会遇到各种挑战和障碍。有时候，直接面对一个问题可能显得过于复杂或难以处理，这时可以运用"问题替代"的策略。问题替代，指将我们当前所面临的难题，用另一个与之具有某种等价关系的问题替代，通过解决这个替代问题，实现原问题的解决。

等价替代分为两种基本类型。

1. 单向等价替代

将我们要解决的问题A，替换为一个要求更严格的问题B。当问题B得到解决时，问题A随之解决。反过来，如果问题A得到了解决，问题B却不一定能够解决。这就像是在解题过程中，我们设定了一个更高的标准或更严格的条件，一旦达到这个标准，原问题自然迎刃而解。

2. 双向等价替代

将我们所要解决的问题，替换为一个与之相互等价的问题。这两个问题在可解性和所寻求的解答方面具有彼此等同的性质，可能表现为截然不同的具体形态，或者在隐显和难易程度上有所不同。这种替代方式的好处在于，它为我们提供了一个全新的视角和思路，有助于我们更全面地理解问题，并找到更有效的解决方案。

例如：司马光砸缸的故事。有人落水，常规的思维模式是"救人离水"，司马光运用替代思维，果断地用石头将缸砸破，"让水离人"，结果成功救出小伙伴，展现了替代思维的巧妙和有效性。

案例分析：关于代驾问题的创新解决方案

第一，背景。一个晚上，一位小伙子和他的同事外出聚餐并饮酒。结束后，他们发现自己无法开车回家，酒后驾车是违法的。在那个时间点，代驾服务非常繁忙，他们等待了很长时间，加价也找不到人代驾。

第二，原始问题。小伙子和他的同事面临的问题是：如何安全地回家，避免酒后驾车的风险？

第三，问题替代。小伙子决定运用问题替代的策略解决问题。他意识到，直接叫代驾服务可能无法及时得到响应，因此，他想到一个替代方案。

第四，替代方案实施。小伙子打开出行APP，发布了一个顺风车订单，他是作为车主寻找乘客。他很快收到了多个乘客的响应，因为那个时间点打车也比较困难。小伙子逐一与乘客沟通，询问他们是否有驾照，并愿意驾驶他的车。经过筛选，他找到了一位有驾照且愿意驾驶的乘客。

第五，实施结果。小伙子成功地与这位乘客达成了协议，由乘客驾驶他的车将他和他的同事送回家。小伙子免费得到了一个代驾服务，乘客也省下了打车的费用。双方都节省了等待代驾的时间，安全地完成了行程。

这个案例，展示了问题替代策略的巧妙应用。在面对直接解决问题困难的情况下，小伙子通过创新性地发布顺风车订单，将问题从"寻找代驾"转化为"寻找有驾照的乘客"，有效解决了问题，不仅摆脱了困境，还带来了双赢结果。

问题替代是一种通过等价替代引入一个新事物，用以替代原来所考察的事物（对象、因素、联系、问题等等）。我们将新引入的事物作为思维向前推移的阶梯和中介环节，利用和它有关的许多新属性、新联系予以推演、探索，将复杂的问题简化，找到解决方案。

三、中介思维

中介思维，作为连接不同事物与过程的桥梁，揭示事物之间的内在联系，为我们解决问题提供全新的视角与策略。

（一）连接与融合的智慧

中介思维的核心在于"中介"二字，强调在看似独立或对立的事物之间，寻找并利用连接作用的环节或因素。恩格斯所言："一切差异都在中间阶段融合，一切对立都经过中间环节而相互过渡。"这种思维方式鼓励我们跳出传统的二元对立框架，以更加全面和动态的视角审视问题。

（二）剖析问题，寻觅中介

首要任务是深入剖析问题的本质与结构。我们应当细致入微地分析问题的各个要素，明确问题的核心矛盾与关键所在。然后，寻找与问题直接相关的因素，分析它们之间的相互作用与影响。在此过程中，中介的踪迹逐渐显现——它可能是某个关键的概念、理论，或是某个特定的过程、环节。通过识别并抓住这些中介，我们能更加清晰地看到问题的全貌，为解决问题奠定坚实基础。

（三）运用中介，破解难题

一旦找到了合适的中介，我们便可利用它实施推理与探索。中介作为连接不同领域的桥梁，能帮助我们跨越原有的认知界限，发现新的解决方案。运用中介推理过程中，我们可能会遇到多种可能的解决方案。此时，我们应保持开放的心态，勇于尝试并验证这些方案的有效性。同时，面对实施过程中可能出现的新问题与挑战，我们应当不断调整和优化解决方案，确保最终能够成功解决问题。

（四）中介思维的价值与意义

中介思维为我们提供了一种全新的思考工具与解决策略。运用中介思维，我们能更加深入地理解问题的本质与内在联系，找到更加精准、有效的解决方案。

第三节　思维转换的类型

思维转换可分为多种类型，这些类型反映了我们如何改变思考的角度、方式或内容，适应不同的情境或问题。思维转换主要类型有以下几种。

一、思维范式转换

思维范式转换是一种根本性的思维转变，涉及对问题或情境的全新理解和认知，标志个体或群体在理解和处理问题时从一种固定的思维模式转移到另一种全新的、更为适应当前情境的模式。

思维范式转换的触发因素，一般包括：重大的失败、挫折或学习到新的信息。这些经历或信息对于个体或群体是震撼性的，它们打破了原有的认知平衡，使原有的思维框架无法再有效地应对当前的问题或情境。这种认知的冲突和失衡是思维范式转换的先决条件。

在思维范式转换过程中，个体或群体有一系列心理和认知活动的经历。他们应当对原有的思维框架反思和质疑，尝试从不同的角度和层面理解和解释问题。这种反思和质疑的过程可能会带来痛苦和不适，推动他们去寻找新的思考方式。

随着反思和质疑的深入，个体或群体应当逐渐发现原有的思维框架的局限性和不足，开始尝试构建新的思维框架。此过程中，他们可能会借鉴和融合不同领域的知识、经验和信息，形成更为全面、更为深刻的认知。这种新的思维框架能更好地应对当前的问题或情境，同时，为他们提供更多的可能性和机会。

思维范式转换结果是个体或群体在思维上能实现质的飞跃。他们不再被原有的思维框架所束缚，而是能更加灵活、更加创造性地思考和解决问题。这种转变提高了他们的思维能力和水平，他们还能更好地适应不断变化的环境和挑战。

例如：哥白尼的日心说是一个思维范式转换的典范。地心说盛行的时代，他通过观测和反思，质疑这个传统观念，从旧框架中挣脱，提出以太阳为中心的全新宇宙观。这个思维范式转换解决了天文学上的难题，更推动了科学的革命性进步和发展。例如：互联网的普及颠覆了传统商业模式，更是思维范式转换的案例。从实体店购物转向在线购物，从广告推销到数据驱动的个性化服务，互联网打破了地域限制，推动了商业活动的数字化和全球化。

逻辑框架的转换可视为思维范式转换的一种具体表现。逻辑框架是我们组织和理解信息的结构。个体或群体面对新的问题或情境时，原有的逻辑框架无法有效地组织和理解这些信息，他们可能会寻求转向一种新的逻辑框架。这种转换不仅是对信息组织方式的改变，更是对问题本质和解决方案认知的深刻变革。

例如：从线性思维转向系统思维，是思维范式转换的一个实例。面对复杂问题时，线性思维无法有效应对，我们应当转向更全面的系统思维，以多因素、相互关联的视角分析和解决问题。例如：从产品导向转向以客户为中心的商业管理的案例。过去，企业注重产品功能和推广，卖的是产品，靠产品的差价赚钱；现在，企业更关注客户需求和全方位体验，靠不断优化产品以满足客户需求，卖的是服务。这种转换使企业更能适应市场，保持竞争力。过去的企业以产品为中心，华为公司提出"以客户为中心""以奋斗者为本"，这是企业逻辑框架转换的成功案例。

二、思维状态转换

在复杂多变的问题解决过程中，我们一般面临问题所处的原始状态"模糊"或条件不足的挑战。此时，实施状态转换策略能为我们开辟出一条新的解决路径。通过联想和搜索，将原始状态转化为一个与原状态等价，但是更易处理的新状态，简化问题找到解决方案。

（一）明确问题与评估当前状态

明确问题的范围和边界至关重要，有助于我们识别问题的核心和关键点。例如：战国时期，齐国的大将田忌经常与齐国的诸公子赛马，并设重金赌注。问题是田忌的马在速度上整体不如对手，按照常规的比赛方式（即上、中、下三等马分别对阵）难以获胜。田忌需要找到一种方法，在赛马中获胜，这是问题的核心。田忌接受孙膑的主意，对当前状态全面评估，包括：自己马匹的速度、对手的实力以及比赛的规则等各种限制因素。评估后，田忌意识到直接以现有的马匹和比赛方式参赛，获胜的概率渺茫，需要转换思维状态。

（二）识别转换需求与目标

识别转换需求与目标，应当看清当前困境的本质，找到问题的症结所在，并构思一个能够绕过直接障碍、达到相同目的的新途径。例如：田忌赛马，取胜的因素包括：马匹的素质、骑手的技术、比赛的团队组合等等。田忌察觉自己的条件不足——即马匹速度的整体劣势。要想取胜，临时提高马匹速度不现实，最好是在骑手选择与马匹组合上想办法。于是，他转换思路，在现有马匹不变的"等效状态"情况下，设定了新的、切实可行的目标，不拼个体拼组合，通过改变出场顺序改变比赛最终结果。

（三）联想与搜索转换方法

确定转换需求和目标之后，接下来是寻找合适的转换方法。可通过类比、联想或先前的经验实现。例如：出场顺序具体如何安排？田忌和孙膑可能回顾了过去的比赛记录，分析了不同出场顺序对结果的影响，或者从其他类似的竞争策略中获得了灵感，最终，他们确定以自己的下等马对付对手的上等马，以自己的上等马来对付对手的中等马，以自己的中等马对付对手的下等马。

（四）实施与验证状态转换

实施与验证状态转换，应当确保逻辑清晰、合理，避免引入新的错误或矛盾。例如：田忌在比赛中实施了新的出场顺序策略，比赛结果验证了新状态的有效性。田忌以下等马对上等马输了，但是，上等马对中等马、中等马对下等马均获胜，最终赢得了比赛胜利。

新的状态下，我们可运用适当的工具、方法或技巧求解问题。求解过程中，还应当不断地检查反馈，确保解决方案的正确性和有效性。

（五）总结与反思

最后，对整个状态转换过程总结和反思是必不可少的。例如：田忌和孙膑提炼出有效的经验和教训，思考将这一策略应用于其他类似问题或情境中的可能性。

三、出发点的转换

在问题解决过程中，思维的出发点扮演至关重要的角色。决定我们思考问题的方向、角度和深度，还直接影响思维变化的路径和结果。因此，理解和学会转换思维的出发点，推动思维的深度变革至关重要。

（一）出发点转换推动思维深度变革

思维的出发点，指我们思考问题的起点和动机，决定我们观察、理解和解决问题的视角和策略。一个合理的出发点可帮助我们更全面、更深入地理解问题，找到更有效的解决方案。相反，一个不合理的出发点可能限制我们的思维，使我们陷入固定的思维模式，难以找到突破性的解决方案。

我们的目的影响提问题的方式。我们有一个明确目的时，更倾向于提出与这个目的相关的问题。例如：我们的目的是了解一个产品的市场接受度，可能会提出关于消费者偏好、价格敏感度等问题。这种目的导向提问方式有助于我们聚焦于关键的问题，避免在无关紧要的细节上浪费时间。同时，目的的明确性是思维转换的起点，决定我们思考的方向和焦点，引导我们有针对性地思考问题。

1. 提问题的方式影响我们信息收集的范围和深度

开放式提问，如"成功的关键因素是什么"，能广泛收集多样信息；封闭式提问，如"项目完成了吗"，虽然易答，但信息有限。引导性提问和追问法能深入挖掘观点和细节。类比与情景式提问，生动的方式能加深理解。选择性提问有助于展开更深入的谈话，但是，一定程度上限制了回答范围；引导性提问和暗示性提问，能引导对方达到预设的结论，或接受某个观点，或表达心中真正的感受和意见；连续追问有助于深入挖掘对方观点，获取更多信息。否定性提问引导对方反思和审视自己的看法，可能获得新的见解。因此，根据需求选择合适的提问方式很重要。

2. 问题的类型和角度决定我们收集信息的方向

有效的问题可引导我们找到有价值的信息，无效或模糊的问题可能导致信息收集的混乱和效率低下。

3. 收集的信息影响我们解释它的方式

我们一般只会收集那些符合预期或与观点相符的信息，忽略那些与观点相悖的信息。收集到的信息一般带有一定的主观性和偏见。个体明确自己的目的并提出有针对性的问题时，他们更可能收集到与目的相关的信息。

4. 解释信息的方式影响我们将之概念化的方式

我们如何解释这些信息，很大程度上取决于我们的知识背景、经验和先入为主的观念。信息解释具有多元性，我们能够以不同的方式和角度解释同一信息。同时，我们的知识背景、经验和偏见也会影响我们对信息的解读。

5. 信息概念化的方式影响我们所做的决定

个体能以新颖的方式解释信息，或将信息概念化为新的模型或理论时，我们更可能产生创新的想法，达成思维的转换。

6. 所作的假定会影响我们的思维所产生的意涵

假定是我们思维中的隐含前提和假设，构成了我们思维的框架。当我们的假定与新的信息相冲突时，我们的思维会发生转变，适应新的信息。当个体能够识别和评估自己的假定，以及思维意涵的局限性和偏见时，我们更可能保持批判性的态度，对信息深入分析和评估，发现新的思考路径和解决方案，达成思维的转换。

7. 思维所产生的意涵影响我们看问题的方式和观点

思维意涵，指我们对问题的理解和解释所蕴含的深层含义，最终会转化为我们的观点或立场，或会促使我们重新审视和评估自己的观点和立场，引发观点的更新和转变。我们的观点受到挑战或质疑时，可能会重新审视和评估我们的思维过程，更新和转变自己的观点和立场，更好地适应变化的环境和挑战，达成思维的转换和发展。

总之，思维要素之间的相互作用和相互影响构成一个复杂的思维网络。这个网络中，每个要素的变化可能引发整个思维过程的转变。理解要素之间的关系和作用，对于提高我们思维能力和决策质量具有重要意义。

转换思维的出发点意味着我们应当调整自己的思考视角和策略，从新的角度和层面理解与解决问题。我们从一个新的出发点思考问题时，可能会发现之前忽视的问题方面或关联，提出更具创新性和针对性的解决方案。

（二）如何实现思维出发点的转换

1. 明确问题

应当首先明确问题的性质、范围和影响。这有助于我们更好地理解问题，确定合适的出发点，同时，也有助于我们明确自己的目的和目标，为后续的思维转换提供方向。

2. 分析出发点

分析自己的出发点是否合理、积极和有益。发现自己的出发点存在问题，应当及时调整，确保自己的思考方向正确。

3. 拓宽视野

通过广泛阅读、学习和交流，了解不同领域的知识和观点，拓宽自己的视野。有助于我们形成更加全面和客观的认识，避免陷入狭隘的思维模式。

4. 创新思维

鼓励自己尝试新的思考方式和方法，挑战传统的观念和模式。

5. 寻求反馈

向他人寻求反馈和建议，了解他们对问题的看法和处理方式。

6. 不断实践

将新的思考方式和方法应用于实际问题的解决中，通过实践检验其有效性和可行性。同时，应当不断总结经验教训，不断改进和优化自己的处理方式。

四、其他分类

（一）根据转换的对象或内容理解和划分

1. 主体性思维转换

主要关注思维主体自身的转换。例如：改变个人的思考习惯、观念或心态，适应新的环境或解决新的问题。

2. 客体性思维转换

主要关注思维对象或问题的转换。例如：从不同的角度、层面或领域审视问题，发现新的解决方案或理解方式。

3. 主客体思维转换

涉及思维主体和思维对象的转换，强调思维过程中主体与客体的互动和相互影响。

（二）根据转换的形式或方法理解和划分

1. 新旧变换

在思维转换过程中，一般考虑是由旧的、固定的思维模式或认知框架转换到新的、更加灵活和适应性强的思维模式或认知框架。

第一，认知方式。从传统的、线性的认知方式转换到非线性的、多维度的认知方式。有助于我们更全面地理解和解决问题，避免陷入单一的思维模式。

第二，思考角度。从单一的、固定的思考角度转换到多元的、灵活的思考角度。可让我们从多个角度审视问题，发现新的解决方案和可能性。

第三，价值观念。从传统的、保守的价值观念转换到更加开放、包容的价值观念。有助于我们接受新的思想和观念，拓宽思维视野。

第四，假设和信念。从固有的、错误的假设和信念转换到更加合理、科学的假设和信念。可帮助我们纠正错误的认识，形成更加准确的判断。

2. 远近变换

将某一领域的问题与其他领域的知识、方法或观念进行交叉和融合，产生新的思考方式和解决方案。

3. 直曲变换

将直线上的问题转换为曲线上去解决，或将难以直接解决的问题转变为迂回方式去解决。

（三）依据转换的内容划分

1. 视角转换

指我们不仅仅从自己的角度出发理解和评价事物，而是尝试从他人的角度、从更高的层次或者从更广阔的范围审视问题。视角的转换，我们可获得更多元的信息，减少偏见和盲点，更准确地把握问题的本质和复杂性。例如：商业决策中，我们应当从消费者视角、竞争对手视角、合作伙伴视角及未来市场视角等多个维度分析和判断。我们应当从个人角度转换为团队角度，或从短期利益转换为长期利益角度。

2. 方法转换

我们遇到难以解决问题时，应当尝试新的方法或技巧打破僵局。可找到更有效的解决方案，提高解决问题的效率和质量。

3. 价值观转换

价值观是指导我们行为和决策的核心原则。思维转换包括对个人或社会价值观的重新评估和调整。随着我们经验和知识的积累，价值观可能会发生变化，影响我们的思维方式和行为选择。价值观转换，我们可以形成更宽广的视野和更包容的心态，更好地理解和接纳不同的文化和观念。

4. 观念转换

指对某一问题或现象的看法、观点发生根本性的改变。思维转换可让人对同一件事物或事情产生不同的观点。这种转变可能源于个人的经验、新的信息或对原有观点的深入反思。例如：从传统的、固定的观念转变为更加开放、包容、创新的观念。思维转换也可涉及个人情感态度的变化。例如：一个人可能从消极、抵触的态度转变为积极、接纳的态度，或从固执己见转变为愿意倾听他人的观点。

5.问题解决策略的转换

面对一个问题时，我们可能会尝试使用不同的策略或方法解决它。思维转换是从一种策略转向另一种可能更有效或更适合当前情境的策略。

总之，思维转换是一种广泛而深刻的变革过程，它涉及观念、策略、角度、知识、情感、价值观、逻辑框架和创新思维等多个方面的转变和提升。这种转变，有助于我们更好地适应不断变化的世界，迎接新的挑战。应当注意，以上分类是一种概括性的描述，思维转换的形式和方法非常丰富多样，取决于具体的思维活动和问题背景。

案例分析：龟兔赛跑的思维分析

新龟兔赛跑

快跑的兔子和慢爬的乌龟赛跑，一般情况下，兔子是稳赢不输。但是，如果遇到骄傲的兔子、偷懒睡觉的兔子呢，结果就不一定。龟兔赛跑的传统故事，大家已经知道了结果。但是后来再次比赛，兔子吸取了失败的教训，决心不骄傲，也未偷懒，却还是输了。为什么呢？因为，这次比赛的路线变了，他们要越过一个山坡，再游一条小河，到达对面四面环水的孤岛。兔子早早跑到河边，但是，它不会游泳，刚一下河就被水流冲走，差点送了命。兔子没能完成比赛，从此一蹶不振。

这天，乌龟来找兔子，邀请兔子参加国王组织的森林越野比赛。兔子一口回绝。自己连乌龟都赢不了，如何去赢狮子老虎呢？乌龟却不放弃，它劝兔子说，这次比赛的规则不一样，既要在山上跑，也要到海里游。只要我们两个通力合作，狮子老虎也没有我们快。兔子被乌龟的真诚感动，答应组团参赛。比赛过程中，爬山时，兔子背着乌龟跑，下海时，乌龟驮兔子游。最后，它们以最快的速度到达终点，赢得了比赛。从此，兔子和乌龟的友谊与合作，在森林中传为佳话。

从思维转换的角度，提炼故事中蕴含的思维转换的思想和方法。我们可聚焦以下几个方面：

（一）全局视野和长远目标的思维

传统龟兔赛跑故事中，关注的是单次比赛的胜负。转换后的思维，将视野扩展到更远的征途，强调共同面对长途跋涉的挑战。思维实现了三个转换：一是目标与价值观的转换。要求个体或团队具备全局视野和长远目标的思维，不仅关注眼前的利益，更要考虑长远的合作和发展。二是规则认知的转换。兔子最初以为凭借速度就能赢得比赛，新规则要求除了跑步还要游泳，迫使它重新评估自己的优势与劣势，并适应新的比赛规则。三是策略制订的转换。兔子意识到单独行动无法赢得比赛后，开始考虑与乌龟合作，这是一种策略上的根本性转变。不再局限于个人能力的展现，而是转向团队协作，这是解决问题时策略调整的典范。

（二）从竞争到合作的思维转换

传统龟兔赛跑故事中，焦点是竞争和胜负。新的龟兔赛跑，比赛规则与环境发生了改变，新规则不仅展现合作的重要性，还强调共赢思维，需要龟兔合作，共同面对长途跋涉的挑战。在这种思维模式下，个体或团队不再仅仅关注自身的利益得失，而是更加关注整体的利益最大化。思维转换后，龟兔都发生了变化。

第一，合作意识提升。乌龟提出合作建议，展现了超越传统竞争观念的智慧。兔子从最初的拒绝到最终接受合作，体现了从个人主义到合作主义的思维转变。这种转变不仅帮助它们赢得了比赛，还促进了两者之间的深厚友谊。

第二，共赢思维的体现。通过合作，兔子和乌龟达成了双赢。在某些情况下，合作比单打独斗更能有效地解决问题，达到共同的目标。这种共赢思维是现代社会中不可或缺的重要品质。

第三，同舟共济、共担风险的思维。传统竞争思维中，风险由个体承担。转换后的思维，强调尊重并发挥每个成员的独特价值，要求龟兔在合作中共担风险，倡导开放包容的文化，共同面对长途跋涉中的困难和挑战。

（三）取长补短、互补优势的思维

在传统的竞争思维中，一般强调各自的优势和劣势。转换后的思维，强调多元智能和能力的价值。龟兔实现了两个思维转换，一是实现了能力认知的转换。兔子和乌龟都认识到各自的优势和劣势。兔子跑得快但不会游泳，乌龟游泳强但爬山慢。这种对自我能力的清晰认知是有效整合资源的前提。二是实现了资源整合的实践。比赛中，它们通过资源整合（兔子负责爬山，乌龟负责游泳）充分发挥了各自的优势，实现整体效能的最大化。

（四）心态调整与自我激励

第一，心态的积极转换。兔子在初次失败后经历了沮丧和自我怀疑，但是，最终在乌龟的鼓励下重新振作起来，体现了面对挫折时保持积极心态、勇于尝试和接受挑战的重要性。

第二，自我激励与成长。通过与乌龟的合作和最终的成功，兔子不仅赢得了比赛，更重要的是实现了自我成长和心态的成熟。它学会了如何面对失败、如何与他人合作及如何从失败中汲取教训并继续前进。

新龟兔赛跑的故事，蕴含了丰富的思维转换思想和方法，包括：规则适应与策略调整、合作与共赢、能力互补与资源整合及心态调整与自我激励等等。这些思维转换的要素，对于我们在现实生活中解决问题、实现目标具有重要的指导意义。

（五）强调过程的价值和体验

传统思维，仅仅关注比赛结果，忽视过程中的学习和成长。转换后的思维，不仅关注结果的成功与否，还更加注重合作的过程和体验。在合作过程中，兔子和乌龟共同面对挑战、解决问题，经历成长和变化。对过程的关注和体验，让我们意识到，成功不仅仅是结果的获得，更是过程中的成长和积累。

总之，思维转换是一种重要的思维方式，能帮助我们更全面地认识和评价问题，找到更有效的解决方案。我们不断地实施思维转换的练习和行动，可提高自己的思维能力和适应能力，更好地应对复杂多变的环境和挑战。

本章回顾

转换技术是我们思维活动中不可或缺的重要工具，它基于事物在差异性中展现的统一性，能在一定条件下用一事物取代另一事物，或将某一领域内的研究成果转用于认识另一领域。这种转化和变换能显著开阔我们的认识思路，增强思维的灵活性与机动性。转换技术包括等值替代、等价替代、近似替代、归约与归范、相似与模拟、同构、变异等多种思维方式和方法，它们在思维活动中发挥着积极作用。特别是在思维陷入困境时，探寻与运用可行的转换方式能有效帮助我们打开局面、摆脱困境。因此，能否有效实施思维转化、变换，这是衡量一个人思维灵活性与机敏性的重要尺度；掌握各种基本转换方式的实质与特点，在思维活动中积极寻求与利用可行的转换途径，是不断提高我们思维能力的关键。

参 考 文 献

［1］袁绪兴. 思维技术（第一卷）［M］. 西安：西安交通大学出版社，2015.

［2］袁绪兴. 思维技术（第二卷）［M］. 西安：西安交通大学出版社，2015.

［3］袁绪兴. 思维技术（第三卷）［M］. 西安：西安交通大学出版社，2015.

［4］陆天然，叶舟，胡均亮. 高宽深思维模式［M］. 北京：中国言实出版社，2015.

［5］余军奇. 共生媒介教育论［M］. 长春：东北师范大学出版社，2018.

［6］余军奇，思维训练教程［M］. 上海：上海交通大学出版社，2019.

［7］伦纳德·蒙洛迪诺. 思维简史［M］. 龚瑞，译. 北京：中信出版社，2018.

［8］杰罗姆·克劳泽. 情报研究与分析入门［M］. 辛昕，等译. 北京：金城出版社，2016.

［9］尼尔·布朗，斯图尔特·基利. 学会提问［M］. 吴礼敬，译. 北京：机械工业出版社，2013.

［10］文森特·赖安·拉吉罗. 思考的艺术［M］. 金盛华，等译. 北京：机械工业出版社，2013.

［11］乔纳·萨克斯.故事模型［M］.戚泽明，译.杭州：浙江人民出版社，2019.

［12］好川哲人.概念式思考［M］.张小苑，译.北京：东方出版社，2018.

［13］高金虎，张魁.情报分析方法论［M］.北京：金城出版社，2017.

［14］谷振诣，刘壮虎.批判性思维教程［M］.北京：北京大学出版社，2006.

［15］马正平.高等写作思维训练教程［M］.北京：中国人民大学出版社，2002.

后　记

　　作为一名在教育一线耕耘39年的老教师，我深知思维发展对于学生成长的深远意义，也曾在指导学生掌握思维方法时感到力不从心。在我的学生时代，分析、综合、归纳、概括等思维工具虽常见于教科书，却鲜有系统的指导与训练。学生们往往擅长记忆与重复，却在面对开放性问题时缺乏深度思考的能力。

　　成为教师后，我发现这一问题在同行的教学实践中同样普遍存在。2003年，我被调至深圳工作，听评一节公开课时，感受尤为深刻。课堂上，学生们讨论热烈，观点难免纷繁芜杂，教师总结时，却不能将观点分门别类、归纳提炼，更无思维方法的指导。这不仅反映了教师掌握的思维工具有限，总结提炼能力不足，更凸显了教学过程中思维训练的紧迫性。

　　2009年，我在《中国教育报》发表了《作文能力的核心是思维能力》一文，并与学校老师一起开展"时评读写"专题训练，试图寻找串联各类思维技术的方式方法。2015年，我负责"深圳市中小学名师工作室"，组织成员开展思维技术的学习研究。2016年，我们准备从学校文案写作的角度入手，撰写《走向操作：学校文案写作思维技术》，这是一本关于写作思维方法的书籍，书稿目录和内容提纲已经完成。然而，由于我的《共生媒介教育论》等写作任务的干扰，此书写作进展缓慢。

　　2018年，我重新聚焦思维技术，决定先从思维教学开始，将思维训练和媒介素养教育融合到时评读写教学之中。2019年，我主编的《思维训练教程》一书出版。该书在提供思维方法指导的同时，加入了不少时评案例，适合学生阅读；但对于教师而言，思维技术的指导还不够丰富和系统。

为了弥补这一遗憾，2022年，我辞去副校长职务，决定全心投入本书的写作中。然而几个月后，我被派往广西支教，担任百色市那坡县高级中学校长。我不得不将全部精力放到帮扶工作中，决心以那坡高中办学实践为案例，探索县中崛起之路，同时积累素材，写作《县中崛起：组团帮扶与教育共生新探索》一书。

2023年，思维训练成为新的教学难题和时尚，一些教师朋友向我打听本书的进展，希望借此改善他们的课堂，这让我汗颜；想到再过两年就要退休，突然有些不安。因而决定调整写作框架，征集合作者共同完成书稿。我删除了原书稿提纲中关于文案思维的内容，依据"高、宽、深、活"思维训练体系，重新调整篇章结构。所谓"高、宽、深、活"，是对思维能力四个关键维度的总结：以高度为指向，是高瞻远瞩，把握全局，精准识别问题差异的辨别能力；以广度为基础，是拓宽视野，跨越领域，异中求同连接知识的联系能力；以深度为动力，是从纷繁复杂的问题中提炼本质的洞察能力；以活力为特征，是在变化中开创新路径的创造性思考。

我将书稿框架和已完成的部分内容发给朋友看，希望找到合作伙伴共同研究。由于大家各有事务，加上思维技术方面的资料零散，这一愿望并未立即实现。2023年年底，余彦杰老师的加入推动了本书的进程。他是深圳市龙岗中等专业学校的老师，对新媒体和人工智能有较多研究。他利用新技术收集资料，并对文献和实践案例进行整理分析，用新的视角看待思维训练问题，承担了本书最后两章的写作任务。而我也抽出时间，夜以继日地着手本书的整理和修改工作。

本书的诞生离不开众多师友的关心和支持。湖南民族职业学院姚金海教授是我的同学和老友，多年来他一直关注和督促本书的写作，并提出了宝贵的意见和建议。初稿出来后，他又逐字逐句阅读校对，欣然为本书作序。广西那坡高中的领导和老师对本书出版寄予厚望；北京名师名校名校长书系付宁堂主任对本书的出版给予了支持。在此，我向他们致以诚挚的谢意！同时，我要感谢我的家人，他们一直默默支持着我的工作和写作，是我最坚强的后盾。能够在即将退休之际完成本书，我备感欣慰。这不仅是我教育生涯的总结，也将开启我新的学习人生。

教育是一场马拉松，而不是百米冲刺。如今，人工智能的迅猛发展正在重塑我们的生活方式，但无论科技如何进步，人类思维的核心地位始终不可撼动。思维是人类认知世界、解决问题、创造价值的根本能力，它既是一个人的内在品质，也是一种可以通过学习和训练提升的技能。在这个快速变化的时代，我们需要坚守教育本心，为思维的发展奠定基础，为生命的精彩赋能增值。

本书旨在为教师提供一些实用的思维方法，帮助学生提升思维能力。同时，希望本书启发读者打开思维的枷锁，帮助职场人士找到人生的新方向，也希望每一位读者都能从本书中找到适合自己的思维工具，将其运用到实际工作和生活中，开启思维的全新旅程。

余军奇